BEIHEFTE ZUM ZENTRALBLATT FÜR GEWERBEHYGIENE
UND UNFALLVERHÜTUNG
HERAUSGEGEBEN VON DER DEUTSCHEN GESELLSCHAFT FÜR ARBEITSSCHUTZ
IN FRANKFURT A. M., HOHENZOLLERNANLAGE 49
BEIHEFT 29

Gefahren beim Umgang mit organischen Lösemitteln und ihre Bekämpfung

Von

J. Wenzel
Oberregierungs- und -gewerberat a. D.
Berlin

Mit 13 Textabbildungen

Springer-Verlag Berlin Heidelberg GmbH

ISBN 978-3-662-01828-6 ISBN 978-3-662-02123-1 (eBook)
DOI 10.1007/978-3-662-02123-1

Ursprünglich erschienen bei Julius Springer in Berlin 1939
Softcover reprint of the hardcover 1st edition 1939

Vorwort.

„Kein Lösemittel löst alle organischen Stoffe und kein solcher Stoff kann von allen organischen Lösemitteln gelöst werden.“ Mit diesen Worten kennzeichnet der Verfasser der vorliegenden Schrift, Oberregierungs- u. -gewerberat a. D. Wenzel, die vielfältige Anwendung der organischen Lösemittel. Gerade diese Mannigfaltigkeit verlangt eine besondere Beachtung der Gefahren, welche die Lösemittel mit sich bringen, und eine eingehende Aufklärung aller, die solche Lösemittel verwenden, sei es bei der Öl- oder Fettgewinnung, bei der chemischen Wäscherei, bei der Metallentfettung, in Farben, Lacken, Schmier-, Wichs- und Bohnerstoffen, in Klebemitteln und Imprägnierstoffen oder zum Lösen von Roh- und Zwischenprodukten bei der Herstellung neuer Stoffe, z. B. von Kautschuk, Zellhorn, Kunstseide, Kunststoffen, Filmen und Sprengstoffen. Die Gefahren sind um so beachtlicher, als die Lösemittel heute in einer großen Anzahl selbst kleinster Betriebe und auch in der Heimarbeit benutzt werden und vielfach unter Phantasie- und Markennamen in den Handel kommen, die ihre Zusammensetzung nicht erkennen lassen.

Die vorliegende Schrift soll in allgemeinverständlicher Weise einen Überblick über die gebräuchlichsten Lösemittel, über ihre Verwendung, über die Feuer- und Gesundheitsgefahren und über die erforderlichen Schutzmaßnahmen geben. Sie ist für die Praxis geschrieben und wendet sich vornehmlich an Betriebsleiter, Aufsichtsbeamte, Sicherheitsingenieure, Betriebsärzte und Arbeitsschutzwalter. Möge sie in diesen Kreisen eine gute Aufnahme finden und so ihr Teil zur Gesunderhaltung der werktätigen Volksgenossen beitragen.

Frankfurt a. M., Berlin, im Februar 1939.

Deutsche Gesellschaft für Arbeitsschutz.

Der stellvertretende Vorsitzende des Technischen Ausschusses

Dr.-Ing. D. Kremer,

Ministerialrat.

Inhaltsangabe.

	Seite
1. Art und Einteilung der Lösemittel	1
2. Die Herkunft der organischen Lösemittel	11
3. Die Feuer- und Explosionsgefahr bei Verwendung von Lösemitteln	16
4. Die Gesundheitsgefährdung bei Verwendung von Lösemitteln	20
5. Die Verwendung der Lösemittel	25
a) Die Gewinnung von Ölen, Fetten, Wachsen mit Hilfe von Lösemitteln	25
b) Die Entfernung von Fetten und Ölen vom unrechten Ort	30
c) Kautschuklösungen	39
d) Die Cellulose und ihre Löser	43
e) Die Lösemittel in der Sprengstoffindustrie	48
f) Formbare Massen und Kunststoffe	49
g) Lacke und andere Überzüge	53
h) Organische Lösemittel in Schmier- und Wachsmitteln, in Tränkstoffen, in Kleb- und Steifmitteln	63
i) Lösungsmittel in der Medizin, Pharmazie und Entwesung	66
k) Lösemittel als Träger anderer Stoffe	67
6. Die Wiedergewinnung der Lösemittel	69
7. Schutzmaßnahmen	75
a) Die persönlichen Schutzvorkehrungen für den Arbeiter	81
b) Schutzmaßnahmen technischer Art	84

1. Art und Einteilung der Lösemittel.

Lösemittel dienen zur Überführung eines festen Körpers in den flüssigen Zustand oder zur Herauslösung des einen oder anderen Bestandteils aus einem festen oder flüssigen Stoff oder aus einem Gas. Zuweilen sollen sie auch dem Lösegut gewisse Eigenschaften verleihen, die es zu einem marktfähigen Handelsgut machen oder seine weitere gewerbliche Verarbeitung ermöglichen.

Das hygienisch harmloseste und einfachste Lösemittel ist das Wasser; es löst, wie alle anderen Lösemittel in begrenzter Zahl, anorganische Stoffe, z. B. Kochsalz, und organische Verbindungen, z. B. Zucker. Wegen seiner langsamen Verdunstung, seiner chemischen Angriffsfähigkeit (Rostbildung u. a.) und der oft für die Lösung und für die Verdampfung notwendigen Erhitzung hat es technische und wirtschaftliche Nachteile im Gefolge und kann deshalb nur in beschränktem Umfange Anwendung finden. Ähnliches gilt für die anorganischen Säuren und Laugen als Lösemittel; sie können außerdem bei der gewerblichen Verwendung Sachschäden am Werkgut und an Betriebseinrichtungen und Gesundheitsgefährdung der Arbeiter herbeiführen, z. B. Salpetersäure, Salmiak. Unter den organischen Säuren hat die Essigsäure und ihr Anhydrid die größte Bedeutung als Lösemittel selbst und als Ausgangspunkt für die Herstellung weiterer Lösemittel.

Die hier zu behandelnden, flüssigen und flüchtigen, organischen Lösemittel, die zur Lösung anderer organischer Stoffe verwendet werden sollen, sind in solcher Zahl und chemischer Auswahl auf dem Markt, daß es nicht schwer ist, für jeden gewünschten gewerblichen Zweck etwas technisch und wirtschaftlich Geeignetes zu finden. Das Angebot darf aber nicht über die Gefahren täuschen, die organische Lösemittel für den Betrieb und seine Gefolgschaft zur Folge haben können. Die eine Gruppe der Lösemittel ist feuer- und im Dampfgemisch mit Luft explosionsgefährlich, die andere Gruppe ist mehr oder weniger gesundheitsgefährlich, und verschiedene Lösemittel haben beide unerfreulichen Eigenschaften. Im Sinne des Gefahrenschutzes sind den Lösemitteln gleichzustellen die organischen Verschnittmittel, die den Lösern zugesetzt werden, ohne vielfach selbst für den vorliegenden Stoff Lösefähigkeit zu haben; sie dienen oft nicht nur zur Verdünnung und Verbilligung, sondern auch zu bestimmter Beeinflussung des Lösungs- und Verdunstungsvorgangs und zur Erzielung gewisser Eigenschaften des Fabrikationserzeugnisses. Letzteren Zwecken dienen auch die organischen Weichmachungsmittel, und zwar solche, die in Verbindung mit Lösemitteln sich an dem Lösevorgang beteiligen, sog. Gelatiniermittel, und solche, deren Lösekraft nur zu einem Auflockern der Moleküle reicht. Beide Gruppen verdunsten nicht oder nur wenig und langsam, können aber mittelbar die Verdunstung der eigentlichen Löser beeinflussen. Sie erhalten für lange Zeit dem Lösegut die Eigenschaft der Haftbarkeit und Dehnbarkeit und andere notwendigen oder gewünschten Eigenschaften.

Wie die Lösemittel eine unterschiedliche Wirksamkeit haben, sind auch die zu lösenden Stoffe verschieden empfänglich. Kein Lösemittel löst alle organischen Stoffe und kein solcher Stoff kann von allen organischen Lösemitteln gelöst werden. Auch der gleiche Stoff kann verschiedene Lösemittel benötigen, je nach seiner Zusammensetzung, z. B. Kollodiumwolle nach ihrem Stickstoffgehalt, nach seiner Struktur (Viscosität u. a.) und je nach dem Zweck, dem die Lösung dienen soll. Krystallinische Körper nehmen nur eine bestimmte Menge des Lösemittels an, und nach Erreichung einer Sättigung gehen weitere Mengen des Stoffes nicht mehr in Lösung, während bei anderen Stoffen, z. B. Fetten und Ölen, eine solche Grenze offenbar nicht besteht. Unter Umständen zeigt ein Gemisch von Lösemitteln eine bessere Lösefähigkeit, als sich nach der Lösefähigkeit der einzelnen Bestandteile des Gemisches erwarten läßt, z. B. für Stoffe, die, wie etwa die Naturharze, nie ganz homogen zusammengesetzt sind, oder es ist überhaupt erst das Gemisch lösefähig, während die einzelnen Bestandteile den Stoff nicht oder nur wenig angreifen.

Die zweite Aufgabe der Lösemittel, nach Erzielung der Lösung wieder zu verdampfen, verlangt ebenfalls, je nach dem Verwendungszweck der Lösung, verschiedene Lösungsmittel, solche mit hoher Flüchtigkeit, d. h. starker Verdunstung in der Zeiteinheit, die nicht allein von dem Siedepunkt und dem Dampfdruck abhängig ist, solche mit mittlerer und mit geringer Flüchtigkeit. Zu schnelle Verdunstung kann durch Abkühlung und Wasserkondensation das Lösegut schädigen, zu langsame Verdunstung kann Nachteile mechanischer und chemischer Natur zur Folge haben oder auch durch zu hohen Zeit- und Wärmeaufwand für die Trocknung unwirtschaftlich sein. Deshalb wird oft ein Gemisch von Lösemitteln der drei Flüchtigkeitsgruppen vorteilhaft sein.

Für die Verschnittmittel ist neben ihrer mehr oder weniger großen Lösefähigkeit und ihrem Flüchtigkeitsgrad von ausschlaggebender Bedeutung ihre Verträglichkeit mit den Lösemitteln und etwaigen Zusätzen, wie Harzen, Farben, Füllstoffen, und die Aufnahmefähigkeit des zu lösenden Stoffs für das Lösemittel und das Verschnittmittel. Ein falscher oder in zu großen Mengen zugesetzter Verdünner kann unter Umständen aus der Lösung den einen oder anderen Bestandteil wieder ausfällen oder andere Schäden herbeiführen. Ähnliches gilt für die Weichmachungsmittel. Ein Bedürfnis zur Anwendung von Gemischen mehrerer Verschnittmittel oder verschiedener Weichmacher wird ebenso wie für die Lösemittel in gewissen Grenzen anerkannt werden müssen.

Die Lösefähigkeit und die Flüchtigkeit eines Lösemittels allein genügen für die Beurteilung seiner Verwendungsfähigkeit noch nicht, ebensowenig die weitere Fähigkeit, dem Erzeugnis aus der Lösung gewisse Eigenschaften mechanischer oder chemischer Natur, der Form oder des Aussehens, zu verleihen oder zu nehmen. Es müssen vielmehr an alle Lösemittel vom technischen und hygienischen Standpunkt allgemeine Anforderungen gestellt werden, wenn es auch noch kein allen Forderungen in gleichem Maße gerecht werdendes Lösemittel gibt. Solche Forderungen sind:

1. Das Lösemittel darf auch bei längerer Lagerung nicht zerfallen, verharzen oder sonst durch Sauerstoff- oder Wasseraufnahmen, Polymerisation und ähnliches an Wirkung verlieren.

2. Das Lösemittel soll einen bestimmten Körper, gegebenenfalls auch einzelne Bestandteile eines Körpers lösen, ohne mit den gelösten Stoffen Verbindungen einzugehen oder andere Bestandteile des Gemisches zu zerstören oder ihre Eigenschaften und Zweckbestimmungen unwirksam zu machen.

3. Das Lösemittel muß aus der Lösung in kurzer oder scharf bemessener Zeit wieder verdampfen, ohne dadurch dem gelösten Gut bestimmte Eigenschaften zu nehmen, oder es muß aus der Lösung sicher und vollständig abgetrieben werden können, d. h. es muß enge Siedegrenzen haben.

4. Das Lösemittel darf metallische Gefäßwandungen oder andere Stoffe der Apparatur nicht unmittelbar oder durch Abspaltung von Säure angreifen.

5. Das Lösemittel soll wasserfrei und wasserhell sein, um der Lösung keine Trübung oder Färbung zu geben, und soll nicht durch Wassergier Ausscheidungen aus der Lösung bewirken.

6. Das Lösemittel muß mit möglichst viel Verschnittmitteln, Weichmachungsmitteln, Füllstoffen, Farbstoffen, Harzen, verträglich sein, d. h. keine chemischen Verbindungen mit ihnen eingehen, keine Wasserausscheidungen, kein Farbauslaufen oder Schaumbildung hervorrufen.

7. Das Lösemittel soll billig hergestellt werden können, d. h. aus einheimischen Stoffen ohne Belastung durch Patent- und Lizenzgebühren, Steuern, Zölle.

8. Das Lösemittel muß wirtschaftlich arbeiten; dafür ist nicht allein der Beschaffungspreis ausschlaggebend, sondern auch die Lösekraft für die Mengeneinheit, die Wiedergewinnungsmöglichkeit des verdunstenden Anteils der Lösung, der wirtschaftliche Wert des Lösegutes.

9. Das Lösemittel oder seine Dämpfe sollen keine Feuers- oder Explosionsgefahr herbeiführen, auch im Feuer sich nicht so zersetzen, daß die Feuers- und Explosionsgefahr erhöht wird oder Gase entstehen, die schädlicher sind, als die übrigen Rauchgase.

10. Die Arbeit mit dem Lösemittel soll keine Gesundheitsschädigung zur Folge haben, eine Gesundheitsgefährdung soll erkennbar und bekämpfbar sein.

Für die Verschnittmittel gelten im allgemeinen die gleichen Forderungen, für die Weichmachungsmittel treten dazu die Forderung, daß sie dem Lösegut nach der Verdampfung der Lösemittel Haftbarkeit, Festigkeit und Dehnbarkeit, Wärme- und Kältebeständigkeit, Lichtbeständigkeit, chemische Widerstandskraft, Glanz oder mattes Aussehen, geben oder erhalten.

Kein Lösemittel genügt allen Anforderungen. In dem Bestreben, möglichst viele der genannten Bedingungen zu erfüllen, werden einzelne wichtige Forderungen stark vernachlässigt, insbesondere die Forderungen 9 und 10. An manchen Lösemitteln wird aus alter Überlieferung festgehalten, obwohl sie längst durch bessere ersetzt werden können, z. B. Benzol durch Benzin; manche in Amerika und England stark verbreitete Lösemittel sind in Deutschland fast unbekannt, so das kaum schädliche Furfurol, das allerdings in Amerika auch billiger hergestellt werden kann und dort in hydriertem Zustand als Lösemittel für Cellulose dient und in anderen Fällen den schädlichen Formaldehyd ersetzt. Das übergroße Angebot an Lösemitteln wird insbesondere dadurch unübersichtlich, daß zahlreiche Lösemittel und ebenso Weichmachungsmittel unter Decknamen im Handel sind, die keinen Rückschluß auf ihre chemische Zusammensetzung, ihren besonderen Lösungskreis oder ihre Gefahren zulassen, z. B. Dissolvan, E 13, Hugol, Mollith, Peravin u. a.

Die wichtigsten Lösemitteln gehören folgenden chemischen Gruppen an:

Gruppe	Typische Vertreter	Besondere Lösefähigkeit für:
1. Aromatische Kohlenwasserstoffe	Benzol und seine Homologen	Kautschuk, Lacke, Farben
2. Aliphatische Kohlenwasserstoffe	Benzin, Sangajol	Fette, Öle, Harze, Kautschuk
3. Hydrierte Kohlenwasserstoffe	Tetralin, Cyclohexan	Öle, Lacke, Farben
4. Chlorierte Kohlenwasserstoffe	Trichloräthylen, Tetrakohlenstoff	Öle, Fette
5. Alkohole	Äthyl-, Methyl-, Butylalkohol	Fette, Harze
6. Ketone	Aceton, Anon	Cellulosederivate
7. Ester	Butylacetat, Amylacetat	Cellulosederivate
8. Äther	Äthyläther, Glykoläther	Cellulosederivate
9. Schwefelkohlenstoff.		Alkalicellulose, Öle, Harze
10. Lösemittel pflanzlicher Herkunft	Terpentinöl, Leinöl	

Wichtige Lösemittelgemische haben Bestandteile aus Gruppe 1 und 7, aus Gruppe 5 und 8, z. B. für Kollodiumwolle, 5 und 7 für Acetylcellulose. Die gebräuchlichsten Verschnittmittel gehören den Gruppen 1, 2, 3 und 5 an, Weichmacher finden sich in der Gruppe 6, z. B. Campher, in Gruppe 7 Glycerinacetat u. a., in Gruppe 10, z. B. Ricinusöl und seine Veredelungen (Ricol, Uviol, Casterol, Kastoröl). Über die Eigenschaften der wichtigsten Lösemittel gibt nachstehende Aufstellung Aufschluß, für die die Werbeschriften „Lösemittel und Weichmachungsmittel“ der I. G. Farbenindustrie, der „Hiag-Verein, Holzverkohlungs-Industrie G. m. b. H.“, der Alexander Wacker Gesellschaft für elektrochemische Industrie G. m. b. H.,“ sowie die später genannten Schriften Anhalt gaben.

Zusammenstellung wichtiger Lösemittel.

Bezeichnung	Siedegrenzen in Grad	Flammpunkt in Grad	Relative Flüchtigkeit bezogen auf Äther = 1	Lösefähigkeit für Cellulosederivate	Harze (teilweise)	Kautschuk	Fette und Öle
Aromatische Kohlenstoffe:							
Benzol	80—81	unter 0	3	—	+	+	+
Toluol	109—110	7	6,1	—	+	+	+
Xylol	137—139	23	13,5	—	+	+	+
Solventnaphta	110	21	10	—	+	+	+
Aliphatische Kohlenwasserstoffe:							
Leichtbenzin	67—90	unter 0	3,5	—	+	+	+
Testbenzin	90—140	22	10	—	+	+	+
Sangajol, Terapin, Dapentin u. ähnl. Petroleumprodukte	150—190	∾60	∾150	—	+	—	+
Hydrierte Kohlenwasserstoffe:							
Tetralin	∾ 205	78	190	—	+	—	+
Hexalin	159—162	59	403	—	+	—	+
Chlorierte Kohlenwasserstoffe:							
Methylenchlorid	20—42	—	1,8	+ (bei Alkoholzusatz)	+	+	+
Trichloräthylen	74—87	—	3,8	—	+	+	+
Perchloräthylen	86—120	—	3	—	+	+	+
Tetrachlorkohlenstoff	76	—	3	—	+	+	+
Dichlorbenzol	167—180	49	57	—	+	+	+
Äthylenchlorid	81—87	14,5	4,1	—	+	+	+
Alkohole:							
Äthylalkohol	78—79	11	8,3	—	+	—	+
Butylalkohol	114—118	34	33	—	+	—	+
Methylalkohol	64—65	6,5	6,3	+NZ.	+	—	+
Isopropylalkohol	79—81	19	21	—	+	—	+
Diaketonalkohol	150—165	45	147	NZ.AZ.	+	—	—
Benzylalkohol	204—208	96	1767	+AZ.	+	+	+
Glykol	191—200	117	2625	—	+	—	—
Ketone:							
Aceton	55—56	unter 0	2,1	NZ.AZ.	+	—	+
Cyclohexanon (Anon)	150—156	44	41	NZ.AZ.	+	+	+
Methylcyclohexanon	165—171	45	47	+NZ.	+	+	+
Ester:							
Äthylacetat	74—75	unter 0	2,9	+NZ.	+	—	+
Methylacetat	56—62	unter 0	2,2	NZ.AZ.	+	—	—
Butylacetat	121—127	24	11,8	+NZ.	+	—	—
Amylacetat	135—140	31	13	+NZ.	—	—	—
Propylacetat	97—101	12	6,1	+NZ.	—	—	+
Isopropylacetat	84—93	0	4,1	+NZ.	—	—	+
Isobutylacetat (Tamasol)	106—117	18	7,7	+NZ.	—	—	+

Zusammenstellung wichtiger Lösemittel (Fortsetzung).

Bezeichnung	Siedegrenzen in Grad	Flammpunkt in Grad	Relative Flüchtigkeit bezogen auf Äther = 1	Lösefähigkeit für Cellulosederivate	Harze (teilweise)	Kautschuk	Fette und Öle
Ester (Fortsetzung):							
Polysolvan (Essigsäurester + aliph. Alkohole. . . .	108—134	19	10	+NZ.	+	—	+
Cyclohexanolacetat (Adranolacetat)	170—177	58	77	+NZ.	+	+	+
Glykolmonoacetat.	178—195	102	606	NZ.AZ.	+	—	+
Äthylglykolacetat.	149—160	47	52	+NZ.	+	—	+
Methylglykolacetat	138—152	44	35	NZ.AZ.	+	—	+
Milchsäureäthylester (Solaktol)	145—155	45	80	NZ.AZ.	—	—	+
Milchsäurebutylester (Butyllaktat).	170—195	61,5	443	+NZ.	—	—	+
Ameisensäuremethylester (Methylformiat).	25—40	unter 0	80	NZ.AZ.	—	—	+
Ema-Speziallösemittel Wacker (Methylacetat, Essigester).	60—75	unter 0	2,3	NZ.AZ.	+	—	+
E 13. E 14 Speziallösemittel I.G. (Methyl-Äthylacetat)	52—63	unter 0	2,4	NZ.AZ.	+	—	+
Hiag-Speziallösemittel (Methylacetat, Methanol)	53—64	unter 0	2,6	NZ.AZ.	+	—	+
Äther:							
Äthyläther.	34—35	unter 0	1	—	+	—	+
Äthylglykoläther(Zellosolve)	126—138	40	43	+NZ.	+	—	+
Methylglykoläther.	115—130	36	35	NZ.AZ.	+	—	+
Diäthylenoxyd (Dioxan) . .	94—110	5	7,3	NZ.AZ.	+	—	+
Acetal (Aldehyd-Alkoholäther) (Dissolvan) . . .	60—80	unter 0	5	+NZ.	+	—	+
Lösemittel pflanzlicher Herkunft:							
Terpentinöl	155—175	35	—	—	+	—	+
Leinöl.	316	150—250	—	—	+	—	—
Lösemittel anorganischer Herkunft:							
Schwefelkohlenstoff. . . .	46	unter 0	1,8	+NZ.	+	+	+

Außer den in der Tafel verzeichneten gibt es noch eine große Reihe anderer Lösemittel, die um so vorsichtiger zu behandeln sind, als sie im allgemeinen seltener gebraucht werden, zum Teil auch in der Praxis noch nicht voll erprobt und auf ihre Schädlichkeit noch nicht untersucht sind. Aus Patent- und Werbeschriften lassen sich die Gefahren noch weniger erkennen als aus chemischen Laboratoriumsversuchen. Als Beispiele seien angeführt Äthylcitrate, Salicylate, Zimmtsäureester, Formiate (Ameisensäurester), Mischketone, Phenone. Manche bekannten Lösemittel erscheinen im Handel, mehr oder weniger verschnitten oder parfümiert, unter anderem Namen, z. B. Tetrachlorkohlenstoff als Asordin, Spektrol, Benzinoform, Katarin, Renol, Tetraform, Tetrakol. Andere Decknamen für bekannte Lösemittel sind z. B. Drawin, in der Hauptsache Äthylacetat, Erganol-Dibenzyläther, Eusolvan-Äthyllaktat, Propandiol-Propylenglykol, Metal, ein Gemisch leicht siedender Ester, Vestron, Vestrol-Tetrachloräthan, und die zahlreichen mit Zahlen, Buchstaben oder Firmennamen bezeichneten Sondererzeugnisse, von denen E 13 der I. G. F., Ema der Firma Dr. Alex. Wacker und das Hiag-Speziallösemittel der Holz-Verkohlungsindustrie G.m.b.H. bereits in der Tafel aufgeführt sind, andere sind z. B. Lösemittel 8951 = überwiegend Isopropylalkohol, Lösemittel 0 = Oxalsäurebutylester, MC 50 = Essigester + Methylacetat + Methanol.

Weichmachungsmittel.

Bezeichnung	Siede-punkt in Grad	Flamm-punkt in Grad	Geeignet für
Campher.	204—209	70	NZ., Zellhorn
Butylstearat (Stearinsäure-ester)	226—244	165	NZ., Chlorkautschuk
Äthylacetatanilid (Mannol). .	138	124	NZ., Zellhorn
Triacetin (Glycerintriacetat) .	258	90	NZ., AZ.
Dimethylphtalat (Palatinol M)	160—164	132	NZ., AZ., Kautschuk
Trikresylphosphat.	275—340	248—265	NZ., Lacke, Chlorkautschuk
Rea (Wacker) (Ricinusöl-säureester + Acetyl) . . .	255—260	197	NZ., Lacke, Plastische Massen.

NZ = Nitrocellulose, AZ = Acetylcellulose.

Andere Weichmacher sind Ricinusöl, Türkischrotöl (sulfuriertes Ricinusöl), Sipaline (Ester und Adipinsäure), Zentralit und Mollit (Harnstoffpräparate), Plastol, Plastomoll, Elastol (Verbindungen der Toluolsulfosäure), Palatinole, Hydropalat (Phtalsäureester des Glykols), Cetamoll (aliphatischer, chlorhaltiger Phosphorsäureester), Plastolin (Amylsalicylat und Benzylacetat), Dikresylin und Lindol (Dikresylphosphat). Manche dieser Handelsnamen erscheinen natürlich in verschiedenen Verbindungen, z. B. Palatinol A = Diäthylphthalat, Palatinol C = Dibutylphthalat, Palatinol E = Äthylglykolphthalat, Palatinol M = Dimethylphthalat, Palatinol O = Glykolmethylphthalat, ebenso Mollit, Sipalin, Plastol u. a.

Verdünner sind neben den verschiedenen Stufen des Benzins und Benzols Toluol, Xylol, Äthylalkohol, Methylalkohol, Butylalkohol, seltener Butylacetat, Äther der Glykole u. a., vielfach auch Gemische dieser Stoffe, die je nach dem Lösegut und dessen Polarität, der erwünschten Mitwirkung des Verdünners bei der Lösung und dem Zweck der Lösung recht verschieden sein können; das vorwiegend verwandte Toluol ist dabei weder allein noch in Mischungen durch Benzin zu ersetzen, auch durch Alkohole nur in gewissen Anteilen der Mischungen.

Sowohl bei den Mischungen der Verdünner wie der Lösemittel und ebenso bei Mischungen der Lösemittel mit Verdünnern, kann man

Mischungen unterscheiden, die sich beliebig miteinander mischen lassen, ohne sich gegenseitig hinsichtlich Dampfdruck und Siedepunkt zu beeinflussen, und solche, die dies tun, so daß die Mischung einen höheren Dampfdruck, also niedrigeren Siedepunkt hat, als dem niedrigstsiedenden Anteil entspricht, oder einen niedrigeren Dampfdruck und höheren Siedepunkt aufweist, als nach dem höchstsiedenden Anteil anzunehmen ist, sog. azeotropische Gemische. Bei den Lösemitteln sind solche mit einem niedrigeren Siedepunkt von größerer Bedeutung; sie können die Feuer- und Explosionsgefahr erhöhen, sie haben auch technisch gewisse Aufgaben, z. B. Beeinflussung der Feuchtigkeitswirkung auf trocknende Lacke und des Verdunstungsvorganges überhaupt, Beeinflussung der Viskosität.

Azeotropische Gemische sind an bestimmte Mischungsverhältnisse gebunden, die je nach Temperatur und Druck verschieden sind. Solche Gemische sind z. B.

Tetrachlorkohlenstoff:	Äthylacetat,	bei 760 mm Druck	57 : 43	Gew.-Teile,	Siedepunkt 74,8
Trichloräthylen :	Methanol,	,, 760 ,, ,,	64 : 36	,,	,, 60,2
p-Xylol :	Isoamylalkohol	,, 760 ,, ,,	49 : 51	,,	,, 126,8
Benzol :	Äthylalkohol	,, 760 ,, ,,	68 : 32	,,	,, 68,2
Cyclohexan :	Butanol	,, 760 ,, ,,	90 : 10	,,	,, 79,8

In einzelnen azeotropischen Gemischen kann auch Wasser ein Bestandteil sein.

Die Feststellung, welche einzelnen Lösemittel in einem Lack, einer Lösung, einem Lösemittelgemisch vorhanden sind, ist nicht immer einfach; eine ausführliche Darstellung der Lösemittelanalyse gibt Dr. ing. Hans H. Weber in der Schriftenreihe des Reichsgesundheitsamts **1936**, H. 3. Leipzig: Johann Ambrosius Barth. Eine vorläufige, qualitative Analyse kann auch mit dem Helfenbergschen Drakorubinpapier vorgenommen werden, von dem man nach Frank und Marckwald, Farben-Ztg **21**, 4 Streifen in einem Reagensglas mit dem zu prüfenden Stoff 12 Stunden ohne Erschütterung stehen läßt und die Verfärbung der Lösung und des getrockneten Papiers beobachtet. Aus dem Ergebnis seien einige Beispiele angeführt (siehe folgende Tabelle S. 9).

Die Eigenschaften der Lösemittel machen sie auch zur Verwendung für andere als Lösezwecke geeignet, wobei naturgemäß die gleichen oder ähnliche Gefahren auftraten, wie bei den Löse- und Verdampfungsvorgängen, z. B. zur Verwendung als Treibstoffe für Verbrennungsmotore: Benzin, Benzol, Alkohol, oder auch als Lösemittelzusatz zu anderen Treibstoffen, um ein Verharzen zu verhindern; für Heizzwecke: Sprit, Petroleum; zur Wärmeübertragung an Stelle von Quecksilberbädern, Wasserdampf: Diphenol; für Kühlzwecke: Chlormethyl, Äthylenglykol, Dichlordifluormethan, Propanlösungen; für Feuerlöschzwecke: Tetrachlorkohlenstoff, Äthylbromid; als nichtgefrierende Flüssigkeit mit geringem Ausdehnungskoeffizienten für Fernwasserstandanzeiger, z. B. ein Präparat, das als schädliche Stoffe Äthylendibromid und Tetrachloräthan neben geringen

Das Lösemittel enthält	Aussehen der Lösung nach 1 Stunde (im Durchblick)	Aussehen der Lösung nach 12 Stunden (im Durchblick)	Beschaffenheit des getrockneten Papiers nach 12 Stunden
Benzol (Toluol, Xylol; ähnlich auch Tetralin)	Dunkelblutrot	Dunkelblaurot	Ganz hell
Benzin (ähnlich auch Dekalin)	Unverändert	Spur gelblich, orange oder schwach rosa	Unverändert dunkelrot
Tetrachloräthan	Obere Hälfte stark, untere Hälfte schwach rot	Untere Hälfte kupferrot, obere Hälfte tiefblutrot, starke Schlieren	Unten hellrosa, oben ziegelrot
Tetrachlorkohlenstoff	Gleichmäßig orange	Gleichmäßig gefärbt mit festen, nach oben schlierenden Ausscheidungen	Ziegelrot; weicher als vor Gebrauch
Trichloräthylen	Starke, nach oben zunehmende Rotfärbung	Stark dunkelrot gefärbt mit Schlieren nach oben	Hellziegelrot, weicher
Äther	Schwache Rotfärbung	Dunkelblutrot, noch durchscheinend	Ziegelrot
Alkohol 96%	Unten blutrot, oben hellkupferrot	Schwarzrot, undurchsichtig	Hellrosa, an den Rändern rote, schmale Streifen; sehr weich geworden
Aceton, ähnlich Amylalkohol und Essigäther	Stark gefärbt, Farbstoff auf dem Grund	Schwarzrot, undurchsichtig, Essigäther noch dunkler	Hellrosa, an den Rändern am stärksten entfärbt; sehr weich
Amylacetat	Unten tiefdunkelrot darüber gelblichhellrot	Wie nach einer Stunde	Unten ziegelrot, oben hellrosa, ziemlich weich
Terpentinöl	Der Farbstoff vollständig nach unten gezogen	Unten blutrot, oben kaum gefärbt, Schlierenbildung	Rosa, sehr weich geworden
Schwefelkohlenstoff	Gleichmäßig rot	Wie nach 1 Stunde	Ziegelrot, merkbar weicher geworden

Mengen Paraffinöl und Farbstoff enthält; als Füllstoff für Giftbomben: Dichlordiäthylsulfid; als Zwischenprodukt zur Herstellung von photographischen, pharmazeutischen und kosmetischen Artikeln, von Farben, als Geruchsverdeckungsmittel z. B. Nitrobenzol, Amylacet, Dimethyl- und Diäthylperoxyde, letztere insbesondere für Dieseltreibstofföle, als

Antiklopfmittel Dibromäthylen, Bleitetraäthyl. Im Rahmen der vorliegenden Schrift kann auf diese Verwendungsarten und ihre besonderen Gefahren nicht näher eingegangen werden, obwohl die Gefahren keineswegs geringer sind und ihre Bekämpfung in mancher Beziehung auf größere Schwierigkeiten stößt.

Weshalb nun ein organisches Lösemittel einen bestimmten Stoff lösen kann, einen anderen, nahe verwandten aber nicht, weshalb ein bestimmter Stoff von einem Dutzend Lösemitteln gelöst werden kann, von einem Dutzend anderer Lösemittel aber nicht, ist die Kernfrage, die wissenschaftlich noch nicht einwandfrei gelöst ist, vor allem auch praktisch noch nicht so, daß sie dem Lösemittelhersteller oder Verwender für alle Fälle eine technisch und wirtschaftlich sichere Auswahl und Vereinfachung der zahllosen Rezepte ermöglichte und größere Gruppen besonders feuergefährlicher oder gesundheitsschädlicher Lösemittel ausgeschaltet werden könnten. Die heute am meisten anerkannte Langmuir-Hildebrandsche Theorie geht davon aus, daß gewisse Lösemittel Atome oder Atomgruppen enthalten, die gegenüber anderen Atomen des Lösemittels elektrische Spannungsunterschiede aufweisen, sog. polare Lösemittel, z. B. sauerstoffhaltige Lösemittel, besonders Alkohole und Wasser, und andere Lösemittel solche Spannungsverschiedenheiten nicht zeigen, sog. nichtpolare Lösemittel, z. B. Kohlenwasserstoffe. Ähnliche Verhältnisse liegen bei den zu lösenden Stoffen vor. Polare Lösemittel lösen nun polare Körper am besten, nichtpolare Lösemittel nichtpolare Körper. Stoffe, die sowohl polare wie nichtpolare Atomgruppen haben, z. B. Nitrocellulose, die hochpolare Gruppen (Hydroxyl), die weniger stark polare Nitrogruppe und den nichtpolaren Kohlenwasserstoffanteil enthält, werden am besten in einem Gemisch polarer und nichtpolarer Lösemittel gelöst. Wenn in einem Körper polare oder nichtpolare Atomgruppen in wechselnder Größe vorhanden sind, z. B. bei der Nitrocellulose mit dem wechselnden Gehalt an Stickstoff, so werden auch die Lösemittel gewechselt werden müssen. Nichtpolare Lösemittel, die also wenig freie Energie haben und daher nicht zu Bindungen der Moleküle neigen, verdunsten schneller als polare Lösemittel. Für manche Fälle werden Lösemittel benutzt, die zwei oder mehrere polare — seltener nichtpolare — Gruppen enthalten, sog. Zwei- oder Mehrtyplösemittel, z. B. Glykoläther, der den Äthersauerstoff und das Hydroxyl enthält; sie haben ein erhöhtes Lösevermögen für polare Stoffe wie Celluloseester, ein vermindertes für nichtpolare Stoffe wie Harze oder Öle und eine geringere Verdunstungsgeschwindigkeit.

Weitere Angaben über Theorie und Praxis des Lösemittelwesens bringen die Werke von Dr. Jordan, Chemische Technologie der Lösemittel. Berlin 1932 — K. B. Lehmann u. Flury, Toxikologie und Hygiene der technischen Lösemittel. Berlin 1938 — Clément-Rivière, Die Cellulose. Deutsche Bearbeitung von Dr. Bratring. Berlin 1923. — Bianchi-Weihe, Celluloseesterlacke. Berlin 1931. — Schreiber, Lacke und ihre Rohstoffe. Leipzig 1926 — und verschiedene Abhandlungen im Reichsarb.bl. Tl. III u. im Zbl. Gewerbehyg.

2. Die Herkunft der Lösemittel.

Die Gewinnung und Herstellung der Lösemittel ist naturgemäß von denselben Gefahrenmöglichkeiten begleitet wie ihre Verwendung. Man wird aber die eigentliche Gefährdung etwas geringer einschätzen können, weil die Herstellung fast ausschließlich in größeren Betrieben unter sachkundiger Leitung von Chemikern und Ingenieuren erfolgt, weil die Herstellung und Abfüllung überwiegend in geschlossenen Apparaturen vor sich geht, und weil die Arbeiter in den Gewinnungsbetrieben im wesentlichen besser über die Gefahren unterrichtet sind als in den vielen mittleren und kleinen Verwendungsbetrieben. Dabei darf allerdings nicht vergessen werden, daß bei der Herstellung von Lösemitteln unter Umständen besondere Gefahren auftreten können, wenn z. B. unter starkem Druck und hohen Temperaturen gearbeitet wird wie beim Kracken von Erdölen oder beim Hydrieren von Schwerölen, Teer u. dgl., wenn Zwischenprodukte entstehen, die besonders schädlich sind und deshalb auch als Lösemittel meist ausgeschaltet werden, z. B. Tetrachloräthan, das als Ausgangsprodukt für die Herstellung von Chlorverbindungen des Äthans, Perchloräthan, Trichloräthylen, Perchloräthylen u. a. dient, oder wenn besonders große Explosionsgefahr eintritt, z. B. bei der Anlagerung von Chlor an Acetylen bei der Herstellung des Tetrachloräthans oder bei der Herstellung verschiedener Vinylprodukte.

Hauptausgangspunkt für die Lösungsmittelgewinnung ist die trockene Destillation der Kohle in Kokereien und Gasanstalten, die aus dem abgeschiedenen Teer als Lösemittel oder Zwischenprodukt für weitere Lösemittelgewinnung das Benzol mit seinen Homologen Toluol und Xyrol und andere höher siedende Öle wie Kreosotöl und Anthrazenöl liefert, ferner Methan, Naphthalin, Phenol, Kresol u. a., die ebenfalls Ausgangspunkte für die Herstellung von Lösemitteln sind. Benzine werden teils durch Destillation und Reinigung von Erdölen, teils aus Verschwelungsprodukten der Braunkohle, teils durch Behandlung von Braunkohlenabkömmlingen oder Teer mit Wasserstoff unter hohem Druck (Leunabenzin) oder durch Hydrierung nach dem Fischer-Tropsch-Verfahren gewonnen, oder auch durch Kracken, eine Erhitzung von Erdölen auf hohe Temperaturen, zuweilen unter Mitwirkung von metallischen Katalysatoren zum Zwecke der Spaltung in leichtere und schwerere Kohlenwasserstoffverbindungen, bei der außer Benzin auch andere Kohlenwasserstoffe gebildet werden, z. B. Äthylen, das für die Herstellung weiterer Lösemittel dient. Auch Butan und Propan und ihre im Handel vorkommenden Gemische sind Nebenerzeugnisse der Kohle- und Teerhydrierung.

Kohle ist ferner der Ausgangsstoff für die elektrothermische Erzeugung von Calciumcarbid und damit von Acetylen, das neuerdings auch durch thermische Spaltung von Paraffinkohlenwasserstoffen (Methan, Äthan, Propan), in Amerika auch aus Naturgasen, im großen gewonnen wird. Kohle, allerdings meist Holzkohle, dient ferner zur Herstellung von Schwefelkohlenstoff. Acetylen wie Schwefelkohlenstoff liefern durch

Chlorierung lösewichtige, aber hygienisch unerfreuliche Stoffe, z. B. Tetrachloräthan, das mit einfachen Mitteln in Trichloräthylen und andere Chlorwasserstoffe übergeführt wird, und Tetrachlorkohlenstoff.

Von den Oxyden des Kohlenstoffes geht die auf Hydrierung unter Druck beruhende Erzeugung von Methan, Methylalkohol (Methanol) und höheren Alkoholen, wie Isobutylalkohol, und ihren Estern, Butylacetat u. a. aus, die an Bedeutung als Lösemittel ständig gewinnen.

Soweit die genannten Stoffe nicht schon selbst Lösemittel sind, werden sie nach verschiedenen Arbeitsweisen weiter auf solche verarbeitet, unter anderem:

a) Durch katalytische Wasseranlagerung, z. B. an Acetylen unter Zuhilfenahme von schwefelsauren Lösungen von Quecksilbersalzen, die Acetaldehyd ergibt, oder an Äthylenoxyd zur Herstellung von Äthylenglykol, von Äthylen zur Bildung von Äthan. Zur Gewinnung von Tetralin (Tetrahydronaphthalin), Hexalin, Dekalin, wird thiophenfreies Naphthalin mit Wasserstoffgas in Gegenwart von Nickel als Katalysator bei hoher Temperatur und unter Druck hydriert. Andere Hydrierungserzeugnisse sind Hexamethylen (Cyclohexan) aus Benzol und Isopropylalkohol durch Hydrierung von Aceton.

b) Durch Wasserabspaltung aus hydroxylhaltigen organischen Verbindungen, z. B. Gewinnung von Essigsäureanhydrid aus Essigsäure durch Einleitung von Kohlenoxyd und Chlor in heiße Essigsäure unter Mitwirkung von Katalysatoren, oder von Äthylen aus heißen Äthylalkoholdämpfen, die über Aluminiumoxyd geblasen werden, oder von Äther aus Alkohol, von Aceton aus Essigsäure.

c) Durch katalytische Oxydation, z. B. von Acetaldehyd zu Essigsäure durch Luft mit Hilfe von Manganacetat als Katalysator, der hier auch die Explosionsgefahr durch die leichtgebildete Persäure verhindern muß, von Isopropylalkohol zu Aceton, von Naphthalin zu Phthalsäureanhydrid. Aus der katalytischen Oxydation des Methylalkohols stammt der Formaldehyd, der ein gelegentlicher, unerfreulicher Begleiter oder Ersatz von Lösemitteln ist, z. B. bei der Kunststoffherstellung, als Vulkanisationsbeschleuniger, in der Textilindustrie u. a. ist.

d) Durch Sulfurieren der Olefine (Äthylen, Propylen, Butylen); das Ergebnis ist die Akrylsäure, von der verschiedene, lösewichtige Äther und Ester stammen oder über die entsprechenden Alkohole einzelne Ketone, z. B. Aceton.

e) Durch Chlorierung, z. B. von Methan, die Methylenchlorid, Chloroform, Tetrachlorkohlenstoff liefern kann, oder von Äthylen, die über Äthylenchloride und Äthylendichlorhydrin zu Glykol und seinen Verbindungen führt.

f) Durch katalytische Kondensation, z. B. von Acetaldehyd, die bei alkalischer Einwirkung Aldol ergibt, von dem man bei der Herstellung von Butanol ausgeht. In dieses Gebiet fällt auch der Plan, Acetylen aus dem Methan der Kokereigase im elektrischen Lichtbogen zu gewinnen.

Ein ganz anderer Weg führt von den pflanzlichen Kohlehydraten durch Gärvorgänge zu Lösungsmitteln. Die Stärke (Amyl) aus Getreide,

Mais, Kartoffeln, der Zucker aus der Zuckerrübe oder aus Melasse, vereinzelt auch aus Holz und Holzkochlaugen der Sulfitcellulosefabriken, sind die wichtigsten vergärbaren Stoffe. Je nach den Gärfermenten und der Gärführung, kann die Gärung zur Gewinnung von Äthylalkohol und Fuselöl — wichtig für die Gewinnung von Amylacetat — oder auch von Glycerin und Acetaldehyd oder von Butanol und Aceton geführt werden.

Durch trockene Destillation von Laubholz wird insbesondere Holzessig (Essigsäure) gewonnen, der auf Methyl- und Amylalkohol, Aceton und andere Ketone, Furfurol und verschiedene Ester verarbeitet werden kann, die Ester z. B. auf dem Wege über essigsaure Salze, aus deren Gemisch mit Alkohol und Schwefelsäure die Ester abdestilliert werden. Reduktion des Acetons erbringt Isopropylalkohol, Kondensation Diacetonalkohol.

Schließlich liefern gewisse Nadelhölzer durch Anzapfung einen Balsam, der das echte Terpentinöl enthält, andere Nadelhölzer durch Anzapfung oder Extraktion und Dampfdestillation das Holzterpentin- oder Kienöl, das auch hydriert (Hydroterpin) Anwendung findet. Ein wesentlicher Bestandteil der Terpentinöle, die Pinene, dienen zur synthetischen Herstellung des Camphers, der weniger als Lösemittel als als gelatinierendes Weichmachungsmittel verwandt wird, während die entcampherten Terpene und Pinene zu Lösezwecken als Terpentinersatz benutzt werden.

Aus Pflanzensamen oder Früchten stammen als Preßgut die zur Lösung von Harzen dienenden trocknenden Öle, insbesondere Leinöl und chinesisches Holzöl, Mohnöl, Nußöl, Sonnenblumenöl, Perillaöl, deren Löse- und durch Polymerisation und Oxydation bedingte Trockenzeit man durch verschiedene Behandlung zu verbessern sucht, z. B. durch Abkochen von Leinöl bei 300° unter Luftabschluß, sog. Standöl, durch Behandlung mit ultravioletten Strahlen, mit elektrischen Spannungsausgleichen, durch Durchblasen von Luft und Kohlensäure oder durch Verkochen zu Firnis, der ebenfalls für Harz und Lacklösungen dient, mit oxydierenden Metallsalzen, sog. Sikkativen, Blei-, Mangan-, Kobaltoxyd, oder mit organischen Metallverbindungen, sog. Soligenstoffen, die selbst lösend wirken. Die Verwendung von heimischen Ersatzstoffen für Lein- und Holzöl, z. B. Rüböl, Sonnenblumenöl, Bucheckernöl, zu Lösezwecken bleibt eine dankenswerte Aufgabe der Fachleute.

Die Herstellung der Weichmacher geht auf ähnlichen Wegen vor sich wie die Lösemittel. Der vielfach grundlegende Harnstoff wird aus dem Hydrierverfahren der Ammoniaksynthese gewonnen, die Phthalsäure, die ebenfalls Ausgangspunkt für viele Weichmacher ist, aus Naphthalin, das mit 15% Schwefelsäureanhydrid und etwas Quecksilbersulfat auf 200—250° erhitzt wird und Sulfosäuren ergibt, die unter Abspaltung von Schwefeldioxyd und Kohlensäure Phthalsäureanhydrid überdestillieren lassen. Heute wird allerdings das Phthalsäureanhydrid meist durch Oxydation von Naphthalin mit Luft bei Gegenwart von Katalysatoren gewonnen. Einen Überblick über die Herkunft der wichtigsten organischen Lösemittel und Weichmacher gibt die umstehende Tafel.

A. Herkunft wichtiger Lösemittel.

Kalk
Wasser
Kohle, Teer
Luft
Carbid
Schwefelkohlenstoff
Benzol, Toluol, Xylol
Naphtalin
Wassergas
Sauerstoff
Stickstoff
Acetylen
Tetrachlorkohlenstoff
Chlorbenzol
Benzaldehyd
Wasserstoff
Kohlenoxyd
Kohlensäure
Äthylen
Benzin
Toluolsulfosäure
Tetralin
Methanol
Ammoniak
Weichmacher
Phthalsäure
Formaldehyd
Harnstoff
Acetaldehyd
Weichmacher
Weichmacher
Äthylalkohol
Äthylenchlorid
Äthylenchlorhydrin
Tetrachloräthan
Äthylenoxyd
Trichloräthylen
Pentachloräthan
Dichloräthylen
Glykol und seine Ester und Äther
Perchloräthylen
Dioxan

B. Herkunft wichtiger Lösemittel.

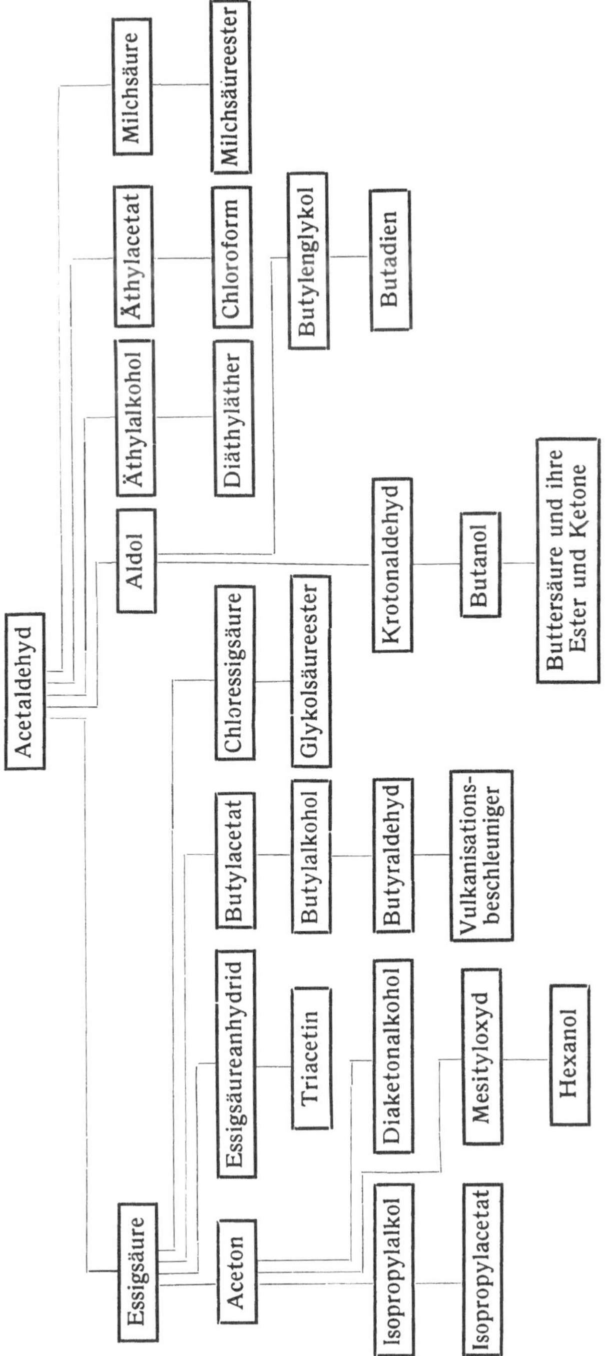

Abb. 1. A und B. Stammtafeln verschiedener Lösemittel und Weichmacher.

Die Herstellung der Löse- und Weichmachungsmittel geschieht im allgemeinen in Großbetrieben nach genau festgelegten Regeln in geschlossener Apparatur und unter ständiger sachverständiger Überwachung. Der Regelbetrieb wird daher kaum Gefahren mit sich bringen, dagegen liegt eine gewisse Gefahr in Störungen und unerwarteten Vorgängen physikalischer oder chemischer Natur, unbekannten oder zu plötzlich einsetzenden Reaktionen, Ausbleiben von Reaktionen, gegenseitig bedingten Druck und Temperaturerhöhungen durch unregelmäßige Reaktionen, Aussetzen von Dreh- und Rührwerken, Kühlvorrichtungen, Zu- und Ablaufvorrichtungen, Korrosionen u. ä. Voraussetzung der Verhütung von Unfällen und Erkrankungen ist daher genaue Beherrschung der Reaktionen, sorgfältige Überwachung der Apparatur, eingehende Anweisung für das Arbeiten im Regelfalle, bei Störungen und bei Instandsetzungsarbeiten.

3. Die Feuer- und Explosionsgefahr bei Verwendung von Lösemitteln.

Die meisten Lösemittel haben einen niedrigen Flammpunkt, d. h. ihre Verdunstungsdämpfe erreichen, abhängig von ihrem Dampfdruck, schon bei niedrigen Temperaturen über dem Flüssigkeitsspiegel eine solche Konzentration, daß sie sich an einer offenen Flamme entzünden. Man darf sich dabei nicht der Täuschung hingeben, daß in gewisser Entfernung von dem Flüssigkeitsspiegel oder bei dem Austritt der Dämpfe aus der Apparatur in den Arbeitsraum die Konzentration nicht mehr vorhanden sei. Dazu machen verschiedene Umstände ihren Einfluß geltend, z. B. das hohe spezifische Gewicht des Lösemitteldampfes, etwa des Schwefelkohlenstoffs, die geringe Diffusionsneigung vieler Dämpfe, z. B. des Benzins, die Luftbewegung im Arbeitsraum durch Absaugung oder durch die Art des Arbeitsvorgangs, wie Spritzen, Trockenvorrichtungen u. ä., die Wirkung von Staub als Kondensationskern u. a. Lösungsmittelgemische können einen niedrigeren Flammpunkt haben, als nach ihren Bestandteilen anzunehmen ist, z. B. Toluol-Alkohol, oder sie können einen mit den verschiedenen Zeitpunkten der Verdunstung wechselnden Flammpunkt aufweisen, etwa solche mit gechlorten Kohlenwasserstoffen.

Die Feuersgefahr wird noch dadurch erhöht, daß verschiedene zu lösende Stoffe oder mit dem Lösemittel zu bearbeitende Stoffe feuerempfänglich sind, z. B. Kollodiumwolle, Zellhornfilme, Baumwollgewebe, Harze und Lacke, und bei manchen Arbeitsgängen die Verdunstungskonzentration durch Erwärmung, Reibung, Pressen, Trockenvorgänge u. ä. verstärkt wird. Die Celluloseesterlacke z. B. weisen nicht nur nach der Art der Cellulose und der Lösemittel verschiedene Flammpunkte auf, sondern sind auch im trockenen Zustand auf verschiedenem Untergrund in recht verschiedenem Grade brennbar, auf Eisen sind die Nitrolackschichten kaum brennbar, auf Holz schon mehr und auf Gewebe oder Papier leicht brennbar. Der Zusatz schwer brennbarer Weichmacher oder anorganischer Salze zur Lösung oder ein letzter Überzug mit Acetylcelluloselack verringern zwar die Brennbarkeit, aber die mechanischen Eigenschaften der Lackschicht leiden. Von wesentlicher Bedeutung für viele Lösemittelbrände ist die Erscheinung, daß sie entsprechend der Verbreitung der Dämpfe und brennbarer, durch den Arbeitsgang oder durch Sorglosigkeit herbeigeführter Verunreinigungen oder Ansammlungen (eingetrocknete Spritzer der Lösung, Abfälle, Vorratslagerung) sich mit äußerster Schnelligkeit über den ganzen Arbeitsraum verbreiten, lange Stichflammen geben und Verpuffungen, unter Umständen Explosionen auslösen, die, abgesehen von Verbrennungen, durch Blendung, Sturz oder Einsturz, Panik und Nervenschock, zu anderen Unfällen Veranlassung geben können.

Im Gemisch mit Luft haben viele Lösemitteldämpfe Explosionsfähigkeit; über die Grenzen der Explosionsfähigkeit gibt nachstehende Aufstellung Aufschluß. Dabei ist zu bemerken, daß Luft-Dampf-Gemische der Lösemittel, die bei Arbeitsraumtemperaturen nicht explosibel sind, bei höheren Temperaturen, z. B. in Trockenvorrichtungen, bei Bränden, sehr wohl Explosionsfähigkeit aufweisen, und daß die explosionsgefährlichen Dämpfe in solchen Fällen andere Explosionsgrenzen zeigen können, ferner, daß Lösemittelgemische in ihren Dampfluftgemischen andere Explosionsgrenzen oder die bekannten Grenzen schon bei geringerer Temperatur haben können, als den einzelnen Bestandteilen entspricht. Manche Lösemittel werden durch längeres Lagern feuergefährlicher, z. B. Leinöl, andere explosionsgefährlicher, z. B. Äther, die insbesondere unter Lichteinwirkung Peroxyde bilden können, die schon durch Erschütterung oder Erwärmung unter Explosionserscheinung zerfallen. Die Explosionsdrücke sind verschieden, im Durchschnitt 5,5—6,5 kg/ccm, bei Benzin etwas mehr, bei Schwefelkohlenstoff etwas weniger.

Explosionsgrenzen bei gewöhnlichen Temperaturen.

Lösemittel	Flamm-punkt in Grad C	Relative Flüchtigkeit Äther = 1	Explosionsgrenzen bei gewöhnlichen Temperaturen		Vol.-Prozente Lösemittel in Luft bei 20° und 760 mm bei völliger Sättigung
			Vol.-%	g/cbm	
Schwefelkohlenstoff	− 4	1,8	∾ 2— 5	81,3—200	39,2
Äthyläther	−40	1	2,75— 7,7	89,5—253	58
Aceton	−17	2,1	2,5 — 9	60,5—218	23,7
Methylacetat	−13	2,2	4,1 —14	127 —431	22,4
E 13	−10	2,5	5,5 —16,1	130 —383	24,5
Benzol 90%	− 8	3	1,5 — 9,5	48,7—308	9,9
Xylol	+23	13,5	3 — 7,6	132 —334	1,3
Toluol	− 7	6,1	1,3 — 7	49,8—268	2,9
Leichtbenzin	−24	3,5	2,5 — 4,9	137 —281	27
Äthylalkohol	+18	8,3	3,95—13,6	81 —280	5,9
Methylalkohol	+ 6,5	6,3	5,5 —21	73,4—280	12,5
Butylalkohol	+34	33	3,7 —10,2[1]	114 —314	0,6
Amylacetat	+25	13	2,2 —10[1]	119 —541	21
Äthylglykol	+40	43	2,5 —10,1[1]	93,5—378	11
Methylglykol	+36	84,5	3 —14[1]	95 —442	0,96

[1] Erst bei höheren Temperaturen.

Unter gleichem Namen gebräuchliche Lösemittel sind oft recht verschiedener Art und Gefahr, z. B. Benzin: das flüchtigste Benzin von 40—70° Siedegrenzen, der Petroläther, wird als Fleckwasser benutzt, Leichtbenzin von 60—100° Siedegrenzen findet in chemischen Waschanstalten Anwendung, Schwerbenzin von 100—150° Siedegrenzen dient zur Fettextraktion und zur Kautschuklösung. Testbenzin (Lackbenzin, Dapentin, Ligroin, Mineralterpentin, Terpentinersatz) ist gekennzeichnet durch die Bedingung des Reichsausschusses für Lieferbedingungen, daß bei Destillation bis 135° nicht mehr als 5% übergehen darf, bis 200° muß mindestens 90%, bis 220° 97% übergehen.

Eine Erhöhung der Feuersgefahr bedeutet die Adsorption von Lösemitteldämpfen durch poröse Baustoffe, Holz, aktive Kohle, Papier, Kleidung.

Zündmöglichkeiten, die Brände leichtbrennbarer Lösemittel, des Löseguts oder mit Lösemittel durchtränkter Kleidung auslösen können, liegen in gewerblichen Betrieben vielfach vor. Das Rauchverbot wird zwar wohl überall beachtet, die Gefahr heißgelaufener Lager, erwärmter Trockenvorrichtungen, heißer Glühlampen ist gering. Ein Reibungsfunken und der Spannungsfunken bei der Bedienung oder beim Kurzschluß elektrischer Einrichtungen wird Brände von Lösemitteln oder Lösegut kaum auslösen, wohl aber genügt er zur Zündung explosionsgefährlicher Dampf-Luft-Gemische. Fahrlässigkeiten kommen im gewerblichen Betrieb und auch im Haushalt immer wieder vor. So ist der folgenschwerste Brand bei Verwendung von Lösemitteln auf Arbeiten zurückzuführen, die mit einer elektrischen Handbohrmaschine in unmittelbarer Nähe von Spritzständen vorgenommen wurden, und das leichtfertige Arbeiten mit Benzin im Haushalt ist nur allzu bekannt. Ein wesentlicher Gefahrenpunkt für die Auslösung von Verpuffungen, seltener von einfachen Bränden, ist die elektrische Aufladung von strömenden Lösemitteln in Rohren oder Abfüllorganen, z. B. Äther, Benzin, Chloräthyl, Schwefelkohlenstoff, oder von ihren Dämpfen bei der Absaugung, aber auch von über Rollen oder Walzen gleitenden Stoffen, die mit Lösemitteln bearbeitet werden, z. B. von Papier, das mit Tiefdruckfarblösungen bedruckt wird, oder von Geweben, auf die Kautschuklösungen aufgetragen werden, oder von über Walzen geführten Nitrocellulosefilmen. Ein Spannungsausgleichfunken wird vielfach zur Zündung der Dampfgemische genügen.

Das Vorhandensein brennbarer oder explosibler Lösemitteldämpfe wurde früher in primitiver Weise dadurch ermittelt, daß man an der Gefahrenstelle eine mit Wasser gefüllte Flasche entleerte, sie durch Herumschwenken mit dem Luftgemisch der Gefahrenstelle füllte, und dann außerhalb des gefährdeten Raumes durch Hineinhalten eines brennenden Spans prüfte. Heute werden Apparate benutzt, die durch Vergleich der Lichtbrechung oder durch Verfärbung präparierter Glühfäden oder Papiere das Vorhandensein und die Konzentration von Mineralöl- oder auch von anderen Lösemitteldämpfen erkenntlich machen,

z. B. das Zeisssche Interferometer oder Wetterlichtapparate der Gesellschaft für nautische Instrumente; andere beruhen auf der Änderung der elektrischen Leitfähigkeit bei verschiedenem Gehalt der Luft an Lösemitteldämpfen.

Die Möglichkeit der Selbstentzündung von Lösemitteln oder ihren Dämpfen ohne Mitwirkung von offenen Flammen oder Funken, liegt zwar vor, wird aber nur bei wenigen, z. B. Äther oder Schwefelkohlenstoff, schon bei so niedrigen Temperaturen eintreten, daß warmgelaufene Lager, Dampfleitungen, heiße Glühlampen, zur Zündung genügen, z. B. bei Schwefelkohlenstoff 130°, Äthyläther 190°, Terpentinöl 250°, Benzinluftgemisch 600°, Lösungen von Kollodiumwolle in Aceton bei 150°, ebenso Lappen, die in solche Lösung getaucht sind. Dabei darf nicht vergessen werden, daß Selbsterwärmungen durch chemische, physikalische oder biologische Vorgänge eintreten können, z. B. durch Adsorbtion von Sauerstoff, durch Verdichtung von Lösemitteln auf vielporigen Körpern, Ölwirkung auf Faserstoffe — Leinölgetränkte Putzlappen waren die Ursache des Brandes des Münchener Glaspalastes —, leinölgetränkte Fischernetze, poröse Krusten der Öl- und Nitrolackniederschläge in Absaugeleitungen der Spritzanlagen, die sich unter Umständen schon bei 100° selbst entzünden können.

Die Herstellung und Lagerung, der Transport, die Abfüllung und Wiedergewinnung der Lösemittel, weisen naturgemäß ähnliche Gefahren, zum Teil im erhöhten Maße, auf wie die Verarbeitung und verlangen entsprechende Schutzmaßnahmen.

Nur wenige Lösemittel sind nicht brennbar und entwickeln keine brennbaren Dämpfe, z. B. die meisten der hygienisch wenig erfreulichen chlorierten Kohlenwasserstoffe. Im Gemisch mit anderen Lösemitteln können sie brennbar sein, z. B. Tetrachlorkohlenstoff mit Petroleum, ebenso z. B. mit Chlorkohlenwasserstoffen getränkte Fasern, Watte, Lappen. Äthylchloriddämpfe im Gemisch mit Luft können sogar in ziemlich weiten Grenzen explosibel sein, ebenso Tetrachlorkohlenstoff oder seine Dämpfe bei Berührung mit elementaren Alkalien. Äthylchlorid kann sich auch beim Ausfließen aus Rohren, Spritzpistolen usw. elektrisch aufladen und durch Funkenausgleich entzünden. Bei den Weichmachemitteln ist die Zahl der nicht oder schwer brennbaren erheblich größer. Die Unverbrennbarkeit mancher Lösemittel hat dazu geführt, sie als Feuerlöschmittel zu verwenden, ohne daß man berücksichtigte, daß sie bei Feuertemperatur zerfallen können, z. B. Trichloräthylen, und dann explosible oder besonders gesundheitsgefährliche Dämpfe entwickeln, z. B. Dichloracetylen, oder Tetrachlorkohlenstoff, der im Feuer insbesondere an glühenden Metallteilen, aber auch bei Spiritus- und Holzwollbränden Phosgen abgibt, das allerdings sehr bald im Feuer wieder zerfallen kann. Die Gefahr der Phosgenbildung soll durch Zusatz des Weichmachers Trikresylphosphat etwas behoben werden, das aber unter Umständen selbst zu Explosionen führen kann, z. B. bei Einwirkung auf Alkalien, Erdalkalien und Legierungen wie Kaliumnitrat, Elektron u. a.

Bedenklich erscheint auch ein amerikanischer Vorschlag, rechnungsmäßig festzulegen, wieviel Tetrachlorkohlenstoff dem Benzin und Benzol beigemischt werden muß, damit sie bei 25° nicht brennen. Die Verschiedenheit der spezifischen Gewichte und der Flüchtigkeit würden wahrscheinlich die Richtigkeit der Rechnung nur in der Ruhelage der Lösemittel und auch dann nur für kurze Zeit zutage treten lassen.

4. Die Gesundheitsgefährdung bei Verwendung von Lösemitteln.

Über die Gesundheitsgefährdung der Betriebsgefolgschaften durch Lösemittel und ihre Dämpfe liegen zahlreiche Veröffentlichungen vor. Die Deutsche Gesellschaft für Arbeitsschutz hat in einer Sonderschrift die wichtigsten Schäden durch Lösemittel und die Ergebnisse von Versuchen zusammenfassen lassen: K. B. Lehmann u. Flury, Toxikologie und Hygiene der Technischen Lösemittel. Berlin 1938 — Das Werk Flury-Zernick, Schädliche Gase und verschiedene Abhandlungen im Zbl. f. Arbeitsschutz, im Reichsarb.bl. Abschn. III und im Arch. f. Gewerbehyg. und an anderen Stellen geben wertvolle Aufschlüsse; sie dringen aber nicht zum Arbeiter und nur in seltenen Fällen zum Betriebsführer, die in erster Linie zu unterrichten sind. Immer wiederkehrende Warnungen und Hinweise auf die Möglichkeiten der Gefahrenbekämpfung dürfen deshalb nicht unterbleiben.

Man braucht die gesundheitlichen Gefahren nicht zu überschätzen, aber man darf sich nicht verhehlen, daß manche Lösemittelhersteller, Betriebsführer und Arbeiter der Verwendungsbetriebe sie unterschätzen und sich auch leicht durch Zeitungsangebote, die nur die Vorzüge einzelner Lösemittel rühmen, durch Händleranpreisungen, die von Gefahren nichts wissen, oder durch die Erzeugnisse selbst, die in technischer Hinsicht nichts zu wünschen übrig lassen, täuschen lassen, ebenso auch durch manche, zunächst angenehm erscheinende Eigenschaft des einen oder anderen Lösemittels, z. B. durch den vielen Leuten angenehmen Geruch, etwa des Amylacetats, durch die Reinigungsfähigkeit vieler Lösemittel für Haut und Kleidung, z. B. des Benzins, durch die bis zu einem gewissen Grade angenehme narkotische und Rauschwirkung, die zur Süchtigkeit verleiten kann, z. B. bei Äther, Trichloräthylen u. a., durch den Geschmack des Äthylalkohols, der zum Vergreifen an anderen Lösemitteln verführen kann. Es muß verhütet werden, daß die guten Erfahrungen mit einem wenig bedenklichen, aber teueren Lösemittel, ohne weiteres auf ein billigeres, aber schädlicheres übertragen werden, z. B. vom Benzin auf Benzol, vom Äthylalkohol auf Methylalkohol. Der Verbraucher eines Lösemittels muß daran denken, daß ein ihm angenehmer Geruch, etwa des Amylacetats oder Nitrobenzols, die Gerüche schädlicherer Bestandteile eines Lösemittelgemisches verdecken kann. Auch soll der junge Arbeiter sich nicht der Selbsttäuschung hingeben, daß er, wenn der vielleicht 30 Jahre ältere, und schon lange Zeit im Betriebe tätige Meister bisher den Einwirkungen der Lösemittel ohne merkliche Schädigung standgehalten hat, bei seiner kräftigeren Körperkonstitution den Gefahren auch ohne Vorsichtsmaßregeln trotzen könne. Er sollte schon aus der verschiedenen Geruchsempfindlichkeit seiner Arbeitskameraden und der Wirkung des Alkohols auf sie die Erkenntnis gewinnen, daß die Empfänglichkeit der einzelnen Menschen für die physiologischen Einwirkungen der Lösemittel, auch unabhängig von Konstitution, Alter und Geschlecht, recht verschieden sein kann. Er muß sich dabei vor weiteren Irrtümern hüten und beachten, daß die Wirkung der einzelnen Lösemittel eine verschiedene ist, und daß mancher, der einen widerstandsfähigen Magen hat, eine empfindliche Haut oder leicht reizbare Atmungsorgane haben kann, daß die dauernde Einwirkung kleiner Mengen von Lösemitteln andere Folgen haben kann, als eine einmalige, wenn auch größerer Mengen, und daß derselbe Mensch, oft ohne erkennbare Ursache, seine Abwehrkraft gegen gewisse physiologische Wirkungen, insbesondere auf die Haut, verlieren und überempfindlich werden kann. Körperliche Schwächungen, z. B. Erkältungen, aufgesprungene Hände, erleichtern den Angriff der Lösemittel, Widerwillen gegen den Geruch gewisser Lösemittel kann mittelbar empfänglicher für die Wirkungen der Lösemittel machen; Alkoholgenuß steigert durch Umsetzungen im Körper die gesundheitsschädliche Wirksamkeit mancher Lösemittel, z. B. des Schwefelkohlenstoffs, des Benzols und der Nitro- und Amidoverbindungen.

Die Gefahr, daß Lösemittel zu Genußzwecken verwandt werden, ist gewiß nicht groß, obwohl sie vielfach wasserklar aussehen und manche durch eigenartigen Geruch dazu verleiten können; bei vielen würde ein Versuch an den Lippen oder auf der Zunge ein Ende finden. Der zu Löse- oder Verdünnungszwecken bestimmte Äthylalkohol ist fast immer mit Toluol (2%), Benzol oder Terpentinöl, vergällt, so daß er wenig zum Genuß reizt. Immerhin hat das Trinken von Äthern oder Methylalkohol schon zu tödlichen Vergiftungen geführt, von letzterem auch zu Erblindungen; das Trinken von Trikresylphosphat hat zu schweren Lähmungen geführt, als es als Abortivum benutzt und als Zusatz zu Gingerbeer genossen wurde.

Im wesentlichen geht die gesundheitsschädliche Einwirkung der Lösemittel auf den menschlichen Organismus auf zwei Wegen vor sich; einmal durch unmittelbare Einwirkung auf die Haut durch Spritzer bei der gewerblichen Verwendung, durch Verschütten beim Transport und Abfüllen von Lösemitteln, durch Eintauchen der Hände beim Mischen von Lösemitteln, Verdünnern und Weichmachern, beim Waschen und Reinigen von Waren, beim Reinigen der Hände von Farb- und Lackverschmutzungen u. ä. Die Einwirkung kann äußerlich bleiben und unmittelbar Ekzeme verursachen, z. B. beim Umgang mit Terpentinöl und Terpentinersatzmitteln, Benzin, Chlorbenzol u. a., oder mittelbar durch Wasserentziehung, Entfettung und Eiweißfällung die Haut rissig und spröde und damit empfänglich für Wasser, Kälte und Schmutz machen oder durch Verseifung und Säurebildung Entzündungen herbeiführen, sie kann aber auch durch

Resorption tiefer dringen und dann Muskeln, Nerven, Blut in Mitleidenschaft ziehen. Die Resorbtion wird erleichtert, wenn die Haut durch ungeeignete Waschmittel, Säure- und Alkalieinwirkung in einen Quellungszustand gebracht ist, der einen Abbau des Eiweißstoffes der Haut, des Kollagens, ermöglicht. Durch Behandlung mit entquellenden Salzen, gewissen Gerbstoffen — sog. Lebendgerbung — sucht man der Ekzembildung wie der Resorption, vorzubeugen.

Der andere Weg ist die Einatmung von Lösemitteldämpfen, die zunächst, oft unbedenklich, auf die Schleimhäute der Atmungsorgane wirkt; bei längerer Einwirkung wird zwar vielfach eine mehr oder weniger große Gewöhnung an die Reizung (Hustenreiz, Absonderungsreiz) eintreten, sich aber doch leicht eine stärkere Empfindlichkeit der Schleimhäute für Erkältungen, Infektionen und andere Reize einstellen. Manche Lösemitteldämpfe haben aber auch durch Akkumulierung oder chemische Umsetzungen im Körper eine tiefere Wirkung, sie können die Nieren und Leber angreifen, das Nervensystem erfassen oder die Zusammensetzung des Blutes ändern, z. B. Schwefelkohlenstoff, der vorwiegend Nervengift ist, Benzol und seine Homologen, die das Blutbild ändern, gechlorte Kohlenwasserstoffe, die auf Leber und Nieren wirken, Diäthylenglykol, das schwere Nervenschädigungen herbeiführt. Auch die Reizung der Schleimhäute des Auges darf nicht außer Acht gelassen werden, noch weniger natürlich die Wirkung von Lösemittelspritzern auf die Binde- und Netzhaut oder die Wirkung von Methylalkohol, reinem Holzgeist, Dichloräthan, Di- und Trichloräthylen, Schwefelkohlenstoff auf den Sehnerv.

Die narkotische Wirkung vieler leicht flüchtiger Lösemittel, die auf der Lösung gewisser Fettsubstanzen des Gehirns (Lipoide) und der Nerven beruht und zur Ohnmacht und Nervenlähmung führen kann, wird bei der gewerblichen Arbeit leichter oder schwerer in Erscheinung treten als bei der medizinischen Narkose, die eine Betäubung innerhalb einer gewissen Frist bis zur bestimmten Tiefe und Mindestdauer bezweckt und neben Äther und Chloroform auch Methylenchlorid und gereinigtes Acetylen (Narcylen) u. a. benutzt. Ähnliche Wirkung haben die Anästhesie- und die Schlafmittel, die oft Lösemittelcharakter haben. Oft werden, auch wenn eine wirkliche Narkose nicht eintritt, bei der wiederkehrenden gewerblichen Arbeit die Wirkungen und Begleiterscheinungen stärker und längere Zeit sich geltend machen, z. B. Kopfschmerzen, Ohrensausen und Schwindelgefühle, Appetitlosigkeit und Brechreiz, Rausch- und Erregungszustände, Schlafneigung, Wein- und Lachsucht, Lähmungen, Geistesstörungen. Die narkotische Wirkung ist oft unabhängig von der Reiz- und Giftwirkung, zuweilen aber auch mit ihnen verbunden.

Auch die nach Alter, Geschlecht, Erbmasse und Konstitution verschiedene Empfänglichkeit für die Wirkungen der Lösemittel ist bereits hingewiesen, sie wird aber auch von den Arbeitsbedingungen abhängen, z. B. von der Schwere der Arbeit und dadurch bedingter tiefer Atmung und Schweißbildung, von der Wärme im Arbeitsraum, von der Möglichkeit persönlicher Schutzmaßnahmen, von suggestiver Beeinflussung durch

Mitarbeiter und Massensuggestion. Aus diesem Grunde kann es zweifelhaft erscheinen, ob man für irgendwelche Gebote oder Verbote bestimmte Höchstwerte des Gehalts der Raumluft an Lösemitteldämpfen als Grenzen festlegen soll, etwa 0,01 Vol.-% für Schwefelkohlenstoff, oder 0,02% für Benzol. Dazu sind der Mensch und seine Arbeit zu verschieden, die Betriebsvorgänge und die Luftverhältnisse zu verwickelt. Nur wenige Fachleute können die Zusammensetzung der Luft richtig messen und beurteilen, kein Ingenieur oder Chemiker kann eine Entwicklung und Beseitigung von Lösemitteldämpfen so regeln und ihre Bewegung und Mischung mit der Luft so leiten, daß ein nach Raum und Zeit ständig gleicher Gehalt der Luft an Lösemitteldämpfen gewährleistet ist. So wertvoll Grenzwerte für die Lehre und Forschung sein mögen, als Zwang und Maß sollten sie nicht festgelegt werden. Während der Grad der Feuergefährlichkeit der Lösemittel sich im allgemeinen einfach aus dem Flammpunkt ergibt, ist eine Gradeinteilung der physiologischen Gefahr wegen der verschiedenen Wirkungsmöglichkeiten und der Verschiedenheit der Stärke der Einwirkung kaum möglich. Aus diesem Grunde führt auch die Feststellung des Grades der Gefährdung gewerblicher Arbeiter nach der zweiphasischen Giftigkeit nach K. B. Lehmann — dem Produkt der theoretischen Giftigkeit, ausgedrückt in mg/l, die eine bestimmte Wirkung erzeugt, und der relativen Flüchtigkeit, ausgedrückt in absoluten Zahlen oder Bruchteilen und bezogen auf eine Grundflüchtigkeit, etwa Äther = 1 gesetzt — nicht zum Ziel. Wenn trotzdem der Versuch gemacht wird, die wichtigsten Lösemittel in 5 Gefährlichkeitsgruppen aufzuteilen, so darf dies nicht dazu führen, die ersten beiden Gruppen als ungefährlich anzusehen oder die letzte Gruppe vollständig ausscheiden zu wollen, beim Schwefelkohlenstoff beispielsweise wäre es für die Viscosekunstseidefabrikation kaum möglich, während es in der Gummiindustrie vielleicht Erfolg haben könnte; die Aufteilung soll aber dazu anregen, für den einen oder anderen Industriezweig den Versuch zu machen, anstatt eines bisher nach altem Rezept immer noch benutzten Lösemittels ein anderes einer geringeren Gefahrenklasse zu verwenden, dabei aber natürlich die Brennbarkeit nicht ganz außer acht zu lassen. Eine solche Aufteilung würde etwa folgendes Bild geben, wobei die Reihenfolge in der Gruppe keine Gradeinteilung bedeutet:

Gruppe I: Äthylalkohol, cyclische Äther.

Gruppe II: Butylalkohol, Amylacetat und andere Acetate, Benzin, Tetralin, Dekalin, aliphatische Äther.

Gruppe III: Dichloräthylen, Perchloräthylen, Tetrachlorkohlenstoff, Butylacetat und andere Ester.

Gruppe IV: Methylalkohol, Methylglykolacetat, Benzol, Toluol, Xylol, Äthylenchlorid, Methylenchlorid, Trichloräthylen.

Gruppe V: Schwefelkohlenstoff, Chlorbenzol, Äthylenchlorhydrin, Dichlordimethyläther, Diathylenoxyd (Dioxan), Tetrachloräthan, Pentachloräthan, Dimethyl- und Diäthylsulfit.

Ob Mischungen von Lösemitteln gesundheitsschädlicher wirken, als nach ihren Bestandteilen anzunehmen ist, ist noch nicht genügend geklärt, aber wohl möglich, wenn bei ihrer Zersetzung im menschlichen Verdauungsapparat neue Stoffe entstehen, auch unabhängig von dem bereits genannten Fall der Verstärkung der Einwirkung gewisser Lösemitteldämpfe durch Alkoholgenuß. Ebenso ist noch nicht genügend erforscht, inwieweit kleine, gewollte oder ungewollte Beimischungen von wenigen Hundertteilen anderer Stoffe weitere Gefahren auslösen, z. B. die Vergällungsmittel des Spiritus, Pyridinbasen, Toluol u. a., oder aus der Gewinnung herrührende, durch einfache Destillation nicht genügend beseitigte Verunreinigungen des Benzols durch Schwefelverbindungen. Daß die ungleichmäßige Zusammensetzung der unter dem gleichen Namen gehandelten Lösemittel nicht ohne Einfluß auf die Gesundheitsschädlichkeit ist, muß angenommen werden, z. B. der verschiedene Gehalt des Benzins an aromatischen und an ungesättigten Verbindungen, der vom Forschungsinstitut für das graphische Gewerbe an der Technischen Hochschule in Berlin-Charlottenburg bei wenigen Proben auf 9,9—17,4% bzw. 0—2,0% festgestellt worden ist. Während die synthetischen Benzine in der Regel frei von Schwefelverbindungen aus der Kohle sind, da diese bei der Behandlung mit Wasserstoff fast vollkommen in Schwefelwasserstoff übergehen, der unter dem hohen Druck der Verfahren mit den Abgasen entweicht, weisen andere Benzine unerfreuliche Schwefelverbindungen auf, die man vor der Benutzung als Lösemittel durch Kupfersalze oder auf andere Weise entfernen und nicht durch Geruchstoffe überdecken sollte. Ähnlich liegen die Verhältnisse bei Benzol. Auch die Verschiedenheit der natürlichen Zusammensetzung kann eine Rolle spielen; so gilt das Terpentinöl aus schwedischen Nadelhölzern wegen seines höheren Gehalts an Terpenen und ihren Derivaten als gesundheitsschädlicher als französisches oder gewisse Sorten amerikanischen Terpentinöls. Andererseits werden gelegentlich Beimischungen vorgenommen, um Gesundheitsgefährdungen zu verhüten oder zu vermindern, so erhält Chloroform fast immer einen Alkoholzusatz, da es sonst durch Sauerstoffaufnahme aus der Luft leicht Phosgen entwickelt. Noch nicht genügend beachtet werden die Zersetzungen von Lösemitteln durch Licht und Luft und Alterserscheinungen; altes Terpentinöl z. B. wirkt schädlicher auf die Haut als frisches, wohl durch den höheren Gehalt an Peroxyden, deren Bildung z. B. auch bei längerem Stehen von Äther, besonders im Sonnen- und Tageslicht, eine Rolle spielt; auch Trichloräthylen zeigt bei nicht genügender Stabilisierung Alterserscheinungen und enthält dann freies Chlor.

Als Berufskrankheiten aus dem Gebiet der Lösemittelherstellung und Verwendung erkennt die Verordnung über die Ausdehnung der Unfallversicherung auf Berufskrankheiten vom 16. XII. 1936 (RGBl. I S. 1117) folgende an: Erkrankungen durch Benzol und seine Homologen, durch Nitro- und Amidoverbindungen des Benzols und seiner Homologen und deren Abkömmlinge, durch Halogenkohlenwasserstoffe der Fettreihe, durch Schwefelkohlenstoff und Schwefelwasserstoff, mit Ausnahme der Hauterkrankungen. Diese gelten als Berufskrankheiten insoweit, als sie Erscheinungen einer durch Aufnahme der schädigenden Stoffe in den

Körper bedingten Allgemeinerkrankung sind oder sich als schwere oder wiederholt rückfällige berufliche Erkrankungen ergeben, die zum Wechsel des Berufs oder zur Aufgabe jeder Berufstätigkeit zwingen.

5. Die Verwendung der Lösemittel.

Die natürlichste und eine nach der Verbrauchsmenge und dem Wert der Ergebnisse wichtige Anwendung der Lösungswirkung der organischen Lösemittel ist das Herauslösen wertvoller Öle und Fette aus pflanzlichen und tierischen Rohstoffen und aus Mineralien. Im Rahmen des heutigen Strebens nach planvoller Fettwirtschaft und der höheren Fettbewertung wird man dazu auch die Fabrikationszweige rechnen, bei denen sonst die Öl- und Fettgewinnung zurücktritt gegenüber der Wertsteigerung der von Öl oder Fett befreiten und dadurch weiter verwertbaren Stoffe, z. B. Knochen, Wollfasern, Gase und Teerdämpfe, und die Entfettungsvorgänge, die lediglich Reinigungszwecken dienen, z. B. die sog. chemische Wäscherei, die Metallentfettung, das Reinigen von Druckereigerät, die Entfernung alter Beiz- und Lacküberzüge und andere Lösevorgänge, deren geringe Öl- und Fettrückstände bisher kaum Abnahme fanden, während die Lösemittel wenigstens teilweise wiedergewonnen werden.

In anderen Fabrikationszweigen, die von dem Lösevermögen organischer Stoffe Gebrauch machen, ist die erzielte Lösung selbst das Wesentliche und wird als solche verwertet, z. B. Farb-, Lack-Politurlösungen, Lösungen für Schmier-, Wichs-, Bohnermassen, für Klebstoffe, Imprägniermittel, Appreturen, oder das Lösemittel ist nur der Träger für andere Stoffe, Gase oder Gerüche, z. B. Aceton für Acetylen (Dissonsgas), Spiritus und andere Löser für Parfümstoffe, Lösemittelsuspension für das Fischsilber der künstlichen Perlen.

Das wichtigste Gebiet der Lösemittelanwendung ist die Lösung von Roh- und Zwischenprodukten zur Herstellung neuer Stoffe, z. B. in der Kautschukindustrie, für die Zellhorn- und Kunststoffherstellung, für die Kunstseite- und Zellwolleherstellung, die Filmfabrikation, die Sprengstoffindustrie u. a.

a) Die Gewinnung von Ölen, Fetten, Wachsen mit Hilfe von Lösemitteln.

Die Fettgewinnung aus Früchten verschiedener Pflanzen (Cocosnuß, Kopra, Palmkerne) und die Ölgewinnung aus Ölsaaten (Leinsaat, Raps, Rübsamen, Mohn, Sojabohnen u. a.) durch Extraktion mittels Lösemitteln hat sich neben dem mechanischen Auspressen ihren Platz erobert in der Hauptsache, weil die Fett- und Ölausbeute günstiger ist und die Unkosten durch Lösemittelverluste geringer sind als die Kosten für höheren Kraftbedarf und starken Verschleiß an Maschinen, Filtertüchern u. dgl. beim Pressen. Ganz hat die Extraktion die Presserei nicht verdrängen können, weil die geringwertigeren und stärker riechenden Rückstände der Extraktion schwerer zu verwerten sind als die Preßkuchen aus der Presserei, und weil feine Riechstoffe durch die Extraktion zerstört werden. Feine

Salatöle aus Oliven und andere feine Speiseöle werden daher fast nur durch Pressen gewonnen. Die Auswahl der Lösemittel muß nach dem Gesichtspunkt erfolgen, daß sie aus dem jeweiligen Ölgut möglichst viel Fett und Öl, aber möglichst wenig Farbstoffe, Harzstoffe, Eiweiß und Schleimstoffe und Oxyfettsäuren lösen. Deshalb ist man vom Schwefelkohlenstoff wieder abgekommen und benutzt auch Benzol nur dann, wenn die dunkle Färbung des gewonnenen Öls nicht beanstandet wird, oder wenn alte, stark verharzte Fette zu lösen sind, in letzterem Fall wird oft stark erwärmtes Benzol benutzt; auch Benzol-Alkoholgemische finden Anwendung. Von Benzinen, die den Vorzug haben, daß sie Harzstoffe wenig lösen, werden vorwiegend höher siedende Fraktionen, 80—120° Siedepunkt, verwendet, auch Cyclohexan, Tetralin und gechlorte Kohlenwasserstoffe, insbesondere Methylenchlorid, Di- und Trichloräthylen und Tetrachlorkohlenstoff werden benutzt, obwohl sie teurer sind und letzterer wegen seiner Angriffslust auf Eisen besondere Apparaturen verlangt. Man unterscheidet 2 Extraktionsverfahren, die aber in geschlossenen Apparaturen und ohne große Erwärmung vor sich gehen und auf diese Weise die Gesundheits- und Feuersgefahr vermindern: das Verdrängungsverfahren, in dem die durch mechanische Reinigung und Zerkleinerung vorbereitete Frucht oder Ölsaat mit dem Lösemittel so lange ausgelaugt wird, bis sie technisch frei von Öl und Fett ist, und das Verfahren mit systematischer Auslaugung; bei diesem wird das Ölgut durch eine Kolonne von 4—6 Extraktoren in der Weise bewegt, daß das Frischgut mit dem schon angereicherten Lösemittel zusammentrifft und im letzten Extraktor mit dem reinen Lösemittel. Auf diese Weise wird erreicht, daß eine geringere Menge Lösungsmittel gebraucht wird, und die in den Destillator abfließende Lösung etwa 60% Öl enthält, also zur Destillation erheblich weniger Dampf verbraucht als die größere Lösungsmenge mit etwa 35% Öl beim Verdrängungsverfahren, allerdings auch größere Apparaturen und erhöhten Kraftantrieb für die Bewegung des Löseguts erfordert. Die Destillation der Lösung erfolgt meist zuerst durch mittelbares Erhitzen mit Dampfschlangen, dann durch unmittelbar eingeblasenen Dampf, gegebenenfalls unter Vakuum. Die Kondensation und Trennung des Lösemittels vom Wasser erfolgt in der üblichen Weise; auch die weitere Reinigung der gewonnenen Öle und Fette hat mit der Lösemittelfrage nur noch insoweit zu tun, als man etwa benützte Entfärbungsfilter (Blutlaugenschwärze, Knochenkohle, Fullererde und Kieselgurpräparate, Silica-Gel, aktive Kohle, neuerdings meist ein Gemisch von aktiver Kohle und Bleicherde) mit Benzol, Benzin oder Trichloräthylen reinigt und entfettet. Die Rückstände aus der Presserei, die sog. Preßkuchen, und aus der Extraktion, die letzteren auch durch Ausdämpfen von Lösemittelresten befreit, werden wohl als Viehfutter verwandt, in Deutschland aber selten von den nicht unbeträchtlichen Ölresten, die wir gut gebrauchen könnten, im Ausland dagegen oft, z. B. bei der Olivenölgewinnung oder der Verarbeitung von Sojabohnen, mit Schwefelkohlenstoff ausgelaugt. Solche ausgelaugten Rückstände haben allerdings bei der Verfütterung zu Viehvergiftungen und bei Schiffstransporten zu Bränden durch Selbstentzündung geführt. Gelegentlich werden die in der Presserei und Extraktion gewonnenen Fette und Öle noch durch solche Lösemittel, die Fette und Öle nicht lösen, von den in ihnen vorhandenen Öl- und Fettsäuren unmittelbar getrennt oder mittelbar, indem man die Säuren erst in ihre Salze oder Seifen überführt. Die neuerdings kontinuierlich arbeitend ausgestatteten Extraktionsverfahren, die mit ständiger, gegenseitiger Bewegung des Lösegutes und der Lösemittel arbeiten, haben zwar den einen oder anderen wirtschaftlichen Vorteil aber neben anderen auch den Nachteil stärkeren Entweichens von Lösemitteldämpfen bei der Aufgabe des Lösegutes und der Abführung der Rückstände, der sich zwar durch stärkere Absaugung der Lösemitteldämpfe beheben läßt, die aber wiederum mit anderen Mängeln verknüpft ist. Auch das bei anderer Extraktion mögliche Ausblasen der Apparate mit Kohlensäure oder Stickstoff unter Umrühren der Rückstände vor ihrem jedesmaligen Abfüllen, das vor dem Ansammeln von Lösemitteldämpfen oder ihren Kondensaten in toten Ecken der Apparatur und vor spätererer Selbstentzündung der Rückstände schützt, ist bei ihnen mit Schwierigkeiten verbunden.

Hierher gehört auch die im großen durch Hydrolyse im Autoklav vorgenommene Fettspaltung, zu der auf 100 Raumteile Fett neben geringen Mengen Wasser und hochprozentiger Schwefelsäure 400 Raumteile Aceton genommen werden.

Neben dieser Ölgroßindustrie gibt es andere Industriezweige oder Einzelbetriebe, die ähnliche Verfahren anwenden, z. B. zur Gewinnung von Gerbstoffen aus Holz und anderen pflanzlichen Stoffen, oder die Gewinnung von Hopfenöl aus Hopfenfrüchten mittels Äther oder Alkohol, die vorgenommen wird, um an Transportkosten vom Gewinnungsort zum Verbraucher zu sparen und als Preisregler bei schwankendem Hopfenangebot zu dienen.

Die Extraktion ätherischer Öle aus Blättern, Blüten, Samen, Früchten, Harzen dient zur Herstellung kosmetischer oder pharmazeutischer Handelsware (Pomade, Parfüms, Haar- und Zahnwasser, Hautkreme u. ä.). Als Lösemittel dienen hier neben Äther und Alkohol auch Dioxan, Glykol und seine Derivate, Isopropylalkohol, Benzylacetat u. a. Da die Öle selbst zum Teil leichtflüchtig sind, macht ihre Trennung von den Lösemitteln einige Schwierigkeiten und wird deshalb, aber auch aus anderen Gründen, öfter unterlassen, so daß die Lösemittel in den Erzeugnissen teilweise noch vorhanden sind und erst bei der Benützung verdunsten, sie dürfen also zum mindesten nicht hautreizend sein. Wird die Trennung vorgenommen, so dient der Rückstand, der vielfach noch gelöste Wachse enthält, als Grundstoff für Pomaden und Hautcreme, das Destillat als Riechessenz u. ä. Ein anderes Verfahren ist die Enfleurage, bei der nachhaltig duftende Blüten, wie Jasmin, auf mit reinem, geruchfreiem Fett bestrichene Glasplatten gelegt und immer wieder ausgewechselt werden. Nach 25—30 solcher Auflagen ist das Fett genügend angereichert und wird, soweit es nicht gleich als Blütenpomade in den Handel kommt, unter kräftigem Durchkneten mit Alkohol oder anderen Lösemitteln zum Herauslösen der Riechstoffe behandelt. Bei der Maceration werden die Blüten in erwärmtes Feinöl oder Fett getaucht, das nach genügender Anreicherung in ähnlicher Weise mit Lösemitteln weiterbehandelt wird. Auch das Herauslösen des Chlorophylls aus dem Blattgrün junger Pflanzentriebe mit Alkohol beruht auf gleicher Grundlage. Auf die Verarbeitung der Lösemittel selbst zu Riechstoffen, z. B. des Isobutyltoluols auf künstlichen Moschus, braucht hier nicht eingegangen zu werden, auf ihre Verwendung als Riechmittel zur Abdämmung anderer Gerüche und als Geschmacksmittel sei hier aber hingewiesen, z. B. für sog. Fruchtbonbons, oder die Verwendung von Nitrobenzol, Amyl- und Butylacetat zur Geruchverdeckung. Andere Lösemittel, z. B. Äthylen, mit oder ohne Farblösungen, werden gelegentlich angewandt, um Südfrüchten, insbesondere Apfelsinen, Citronen, Grapefrüchten, ein frischeres Aussehen zu geben, sie zu konservieren und vielleicht auch ein Nachreifen zu begünstigen; ähnliche Lösemittel und Lösungen dienen dazu, anderen Nahrungs- und Genußmitteln, nicht nur für das Zurschaustellen im Schaufenster, ein frisches Aussehen zu geben und zu erhalten, z. B. Pralinen, Konfitüren. Bekannt ist auch die Herauslösung von Alkaloiden und ähnlichen Körpern aus Genußmitteln, z. B. Coffein, Nicotin, mittels Lösemitteln, um diesen gesundheitsschädliche Wirkungen zu nehmen.

Als Beispiel der Fettgewinnung aus tierischen Erzeugnissen unter Zuhilfenahme von Lösemitteln sei die Knochenextraktion genannt. Während früher, abgesehen von der Kriegszeit und ersten Nachkriegszeit, die Entfettung von Knochen vorwiegend unter dem Gesichtspunkt geschah, die Knochen, Hörner, Klauen für andere Verarbeitungszwecke, z. B. Herstellung von Knochenkohle, Beinschwarz, Drechslermaterial vorzurichten, gewinnt angesichts des Vierjahresplans die Fettausbeute wieder an Bedeutung. Man könnte natürlich durch Auskochen mit Wasser oder Dampf die Entfettung einfach und billig vornehmen, man würde dabei aber zuviel Leim mitlösen und dadurch der Leimgewinnung Abbruch tun und das Fett verschlechtern; deshalb benutzt man organische Lösemittel, vorwiegend hochsiedendes Benzin, neuerdings auch Trichloräthylen. Die maschinell gebrochenen Knochen werden in große, bis zu 200 Zentner fassende Extrakteure gefüllt, sie lagern darin auf einem starken Blechsieb, unter dem eine Dampf-Heizröhrenspirale liegt. Das eingelassene Benzin verdampft; bei 115—120° läuft eine leicht flüssige Lösung von Fett in Benzin in den unteren Teil des Extrakteurs, verdampft immer wieder und löst weiteres Fett. Nach einigen Stunden wird die Lösung in einen Destillierkessel gepumpt, während die Benzindämpfe durch Wasserdampf in einen Kondensator verdrängt werden, um nach der Verdichtung weiter benützt zu werden, wie auch das Benzin, das aus der Fettlösung abdestilliert wird. Das so gewonnene Fett ist zur Ernährung nur nach Umschmelzen und nur dann brauchbar, wenn es aus ganz frischen Knochen gewonnen ist; im übrigen findet es in der Seifenindustrie, bei der Herstellung von Stearinkerzen u. a. Aufnahme, auch wenn vorher die feinen Knochen- und Klauenöle, die als Schmiermittel für Instrumente, Waffen, Uhren sehr geschätzt werden, abgetrennt sind. Ähnlich ist die Entfettung unbrauchbarer Fische oder der Rückstände aus der Fischverarbeitsindustrie, bevor sie zu Düngemitteln verarbeitet werden, ferner die Tranentfernung aus Fischmehl mit Benzin, Tri u. a., da das Fischmehl sonst schwer verdaulich für die Tiere ist.

Ein anderes Beispiel ist die Gewinnung von Wollfett (Lanolin). Nachdem die Kalisalze aus der Rohwolle mit kaltem Wasser ausgelaugt sind, werden die Fette mit schwachen Lösemitteln, z. B. Hexalin (Cyclohexanol) oder mit Lösemittelseifen-Emulsionen (vgl. S. 33) gelöst. Man muß hier von schärferen Lösemitteln absehen, weil sie die Wolle zu stark entfetten, wodurch ihre Weiterverarbeitung leiden würde. Aus den Lösungen wird, gegebenenfalls nach Fällung der Seifen mit Kalk- oder Magnesiumsalzen, das unverseifbare reine Wollfett mit Aceton ausgezogen und nach verschiedenen Verfahren, u. a. auch mit Benzin, gereinigt. Ähnlich, aber einfacher, gestaltet sich die Fettgewinnung aus Walkwässern der Tuchfabriken. Auf einem etwas anderen Gebiet liegt die Fettgewinnung aus kommunalen Abwässern oder die Phenolgewinnung aus Kokerei- u. Schwelereiabwässern, bei der Lösemittel erst in zweiter Linie in Frage kommen, und die bereits erwähnte Fettspaltung durch Hydrolyse im Autoklav.

Auch das Mineralreich bietet Fette, Öle, Wachse, die durch Lösemittel aus Roh- und Zwischenprodukten gewonnen werden können, in erster Linie die Kohle. Kohlenöl wird z. B. nach dem Lösemittelverfahren von Pott und Broche gewonnen. Feste Brennstoffe werden mit geeigneten, etwas über 100° siedenden Lösemitteln unter Druck und hoher Temperatur behandelt; aus der Lösung werden Asche und Rückstandsteile durch Filtration bei 150—170° unter 10—20 atü abgeschieden und die Lösemittel dann abgetrieben. Bei der Paraffinherstellung wird das aus der Braunkohle oder Ölschiefer neben dem Teer gewonnene Rohparaffin je nach dem Zweck der Ölabscheidung entweder mit Benzin behandelt, das die Neutralöle ausscheidet und Hart- und Weichparaffin zurückläßt, oder man wäscht die Rohöle mit hochprozentigem Alkohol, der vorwiegend die Kreosot- und Harzöle löst, die zur Holztränkung oder als geringwertige Schmiermittel dienen, und die neutralen Öle, die meist als Schmier- oder Dieselmotoröle dienen, ungelöst läßt. Ähnlich verfährt man mit Krackgasen der Erdöl- und Braunkohlenindustrie, aus denen in Kolonnentürmen durch herabrieselndes Tetralin Benzine ausgewaschen werden. Die Trennung von Benzin und Tetralin geht in einem heißen Plattenverdampfer vor sich. Eine Entfettung und Entölung mittels Lösemitteln stellt auch die zunehmende Leuchtgaswäsche dar, bei der man Naphthalin, Benzol oder Phenol gewinnt. Die beiden ersteren werden durch Berieselung des Gasstroms mit einem Gemisch von Teerölen von 250—350° Siedepunkt und etwas Benzol ausgewaschen. Die Apparatur ist, je nachdem auf die Ausscheidung von Naphthalin oder von Benzol der größte Wert gelegt wird, verschieden, Benzol z. B. wird in 20 m hohen Riesel-Waschtürmen durch Herabrieseln des erwärmten Waschöls über Horden dem aufteigenden Gasstrom entzogen; in einem anderen Waschturm, in dem die Lösung einem Dampfstrom entgegenrieselt, werden die Benzoldämpfe abgetrieben und in einem Kondensator durch spezifischen Gewichtsunterschied Benzol und Wasser getrennt. Um Phenol aus dem Gas herauszuwaschen, wird neben Benzol besonders das Trikresylphosphat angewandt, ebenso zum Auswaschen von Phenol aus Abwässern der Schwelereien, Kokereien und anderen Gaswässern. Das in Benzol gelöste Phenol wird dann durch Auswaschen mit Natronlauge oder durch Destillation gewonnen. Die in der Mineralölraffinerie benutzten Reinigungs-, Bleich- und Entfärbungsmittel sind die gleichen wie bei der Verfeinerung der vegetabilischen Öle. Sie werden zum Zweck der Regeneration mit Benzin entölt und danach erhitzt oder vorsichtig über Feuer geröstet.

Bei der Herstellung des Ceresins (Kunstwachs) aus Erdölen oder auch aus bergmännisch gewonnenen Massen spielt das Lösemittel nur eine geringe Rolle, indem es zum Herauslösen von Wachsresten aus den verschiedenen Filter- und Entfärbungsstoffen dient. Bei der Herstellung des Montanwachses dagegen werden Lösemittel in größerem Umfang zur Auslaugung des Wachses aus bitumenreicher Schwelkohle benutzt, und zwar meist eine Mischung von Benzol und Äthyl- oder Methylalkohol. Nach Abdestillieren des Lösemittels verbleibt das Montanwachs, ein Gemisch von Harzen, hochmolekularen Säuren und ihren Estern, das ebenso wie Ceresin zur Fabrikation von Schuhcreme, Bohnerwachs, Schallplattenmasse, aber auch für Isolierzwecke, als Modellierwachs und zur Verfälschung von Wachskerzen dient.

b) Die Entfernung von Fetten und Ölen vom unrechten Ort.

In großem Umfang bezweckt die Entfettung mittels Lösemitteln nicht die Fettgewinnung, sondern die Reinigung der verschiedensten Stoffe von unerwünschten Verschmutzungen durch Fette, z. B. die Entfettung von Häuten und Fellen vor der Gerbung, die Reinigung von Geweben und Lederwaren von Fettflecken, die Entfettung von Metallwaren, die Entfernung von Lacken, Farben und Beizen von ihrem Untergrund.

In der Gerberei will man Häute und Felle unter Schonung der für den Gerbprozeß wertvollen Leimsubstanz von Fetteilen befreien, die durch Bildung von Fettsäuren die Häute angreifen und den Gerbvorgang stören können. Ähnlich wie bei der Knochenentfettung nimmt man auch hier Lösemittel, meist Benzin oder Trichloräthylen, um nicht durch heißes Wasser oder Wasserdampf die Leimbestandteile der Haut herauszuwaschen. Zuweit getriebene Entfettung ist aber auch nicht zweckdienlich, weil die Haut an Geschmeidigkeit und Wasserabstoßkraft verliert. Die Apparatur ist geschlossen und weicht nicht wesentlich von der der chemischen Wäscherei ab.

Bei der chemischen Wäscherei von Geweben, die die Lösung und Entfernung von Fetten und Ölen ohne Verseifung und Emulgierung bezweckt, kommen als wesentliche Lösemittel in Betracht: Benzin, und zwar die leicht siedenden Fraktionen, Tri- und Perchloräthylen (Peravin), Tetrachlorkohlenstoff, letzterer meist als Sondererzeugnis für Waschzwecke unter dem Namen Asordin. In den chemischen Waschanstalten geht der Reinigungsvorgang fast immer in geschlossenen bewegten Gefäßen vor sich, in denen auch eine Vortrocknung durch Schleudern vorgenommen wird. Das Waschgut wird in eine um eine waagerechte Welle in wechselnder Richtung drehbare Waschtrommel mit durchlochter Wandung gebracht. Diese Trommel läuft in einer feststehenden Manteltrommel, die das Lösemittel enthält. Nach einer gewissen Waschzeit oder auch in regelmäßigem Kreislauf wird das verunreinigte Benzin in eine Klärschleuder geleitet, die die Schmutzteilchen aus dem Benzin abschleudert; das Benzin fließt der Waschtrommel wieder zu. Ist das Benzin stark verschmutzt, so wird es in eine Destillierblase gedrückt, dort erst durch Dampfschlangenheizung, dann unmittelbar mit Wasserdampf überdestilliert, während Schmutz und Kondenswasser fortgedrückt werden. Das gekühlte Reinbenzin wird einem Vorratsbehälter oder der Waschtrommel wieder zugeführt. In älteren Anlagen wird das Waschgut nach Ablassen des Benzins und oberflächlichem Abschleudern durch schnelle Drehung der Waschtrommel dieser noch feucht entnommen, wobei naturgemäß Dämpfe vorübergehend entweichen und eingeatmet werden, und in geschlossenen Schleudermaschinen oder durch Aufhängen in besonderen Räumen getrocknet, in denen das Bedienungspersonal ebenfalls für einige Zeit den Lösemitteldämpfen ausgesetzt ist. In neueren Anlagen verbleibt das Waschgut in der Waschtrommel, wird dort flüchtig ausgeschleudert unter Absaugung der Benzindämpfe; die dann noch anhaftenden Reste werden durch Heißluft und zuletzt durch Frischluft abgeblasen, so daß das Waschgut trocken und geruchlos der Waschtrommel entnommen werden kann. Man wird also bei neueren Anlagen und, wenigstens für Benzin, auch bei älteren Anlagen die Gesundheitsgefährdung durch Einatmen der Dämpfe nicht allzu hoch einzuschätzen brauchen, abgesehen von den Fällen ständiger Undichtheiten der Anlage oder fahrlässigen häufigen Offenhaltens der Trommel- oder Schleudermaschinenöffnungen; bei einiger Vorsicht wird man auch die Haut der Hände und Unterarme vor regelmäßiger oder häufiger Benetzung mit dem Lösemittel bewahren können. Anders liegt es mit der Feuer- und Explosionsgefahr; sie liegt für Benzin immer vor, und zwar in der Waschtrommel und sonstigen Apparatur, wenn auch hier die obere Explosionsgrenze meist überschritten sein wird, als auch im Arbeitsraum und im Trockenraum. Man versucht gelegentlich zwar in Wäschereien dem Benzin seine Feuergefährlichkeit zu nehmen, indem man es z. B. mit Hexalin oder Methylhexalin, wasserlöslich macht und stark mit Wasser mischt, oder mit Sondererzeugnissen, z. B. Benzinhydrosol, das zwar selbst nicht brennt, aber die Brennbarkeit der damit behandelten Stoffe erhöht.

Die Gefahr wird dadurch vermehrt, daß sowohl strömendes Benzin und seine Dämpfe, wie auch benzingetränkte Stoffe, insbesondere Wolle und Seide, sich elektrostatisch aufladen, unter Umständen auch nur bei Übergang von einer Umluft in eine nach Temperatur oder Feuchtigkeitsgehalt andersgeartete, z. B. beim Herausnehmen des Waschguts aus der Waschtrommel oder Schleuder in die kältere und trockenere Raumluft, so daß ein elektrischer Ausgleich stattfinden und ein Brand entstehen kann. Man mischt deshalb dem Benzin vielfach ein sog. Antielektricum bei, das seine elektrische Leitfähigkeit steigert, z. B. in Benzin lösliche Seifen, Magnesiumoleat, d. i. wasserfreie ölsaure Magnesia, Essigsäure oder auch Sondererzeugnisse, die unter Decknamen im Handel sind, wie Richterol, Antibenzinpyrin u. a., gegebenenfalls auch Tetrachlorkohlenstoff, der aber eiserne Waschgefäße und Rohrleitungen angreifen kann. Aus der großen Feuers- und Explosionsgefahr des Benzins ergeben sich verschiedene Schutzmaßnahmen, die aber für viele Lösemittel und Arbeitsverfahren die gleichen sind und deshalb gemeinsam behandelt werden sollen. Gesundheitsgefährlicher, allerdings nicht feuergefährlich, ist die Wäscherei mittels Tetrachlorkohlenstoff oder dem meist an seine Stelle getretenen Asordin. Es kann fast die gleiche Apparatur benutzt werden, doch ist auf die starke Anfressung von Eisen durch Tetrachlorkohlenstoff und die damit gegebene große Möglichkeit von Undichtigkeiten besonders zu achten, ebenso wegen größerer Gesundheitsschädlichkeit auf Vermeidung von unnötigem Öffnen und Offenlassen der Waschtrommeln, Schleudermaschinen und auf starke Entlüftung etwaiger Trockenräume. Ein Vorzug gegenüber dem Benzin liegt darin, daß der niedrige Siedepunkt von 76° den Wärmebedarf vermindert und ein Trocknen bei höchstens 40° gestattet, was zur Schonung des Waschguts beiträgt.

Trichloräthylen und Perchloräthylen (Peravin) dürfen selbstverständlich auch nur in vollständig in sich geschlossenen Wasch- und Trockenanlagen und Wiedergewinnungsanlagen angewandt werden. Dabei ist zu beachten, daß die Zersetzung von Trichloräthylen bereits bei 120°, von Perchloräthylen bei 200° beginnt, so daß für die Destillation nur Dampf von höchstens 2 atü Spannung benutzt werden darf, während man bei Peravin bis zu 3 atü gehen kann. Eine Zersetzung von Trichloräthylendämpfen kann bei ungewolltem Austritt der Dämpfe aus der Apparatur an offenen Flammen erfolgen; selbst eine brennende Zigarre kann eine solche Zersetzung verursachen und durch Phosgenabspaltung die schwerste Gesundheitsgefährdung herbeiführen, während an heißen Metallflächen etwa gebildetes Phosgen sehr bald wieder zerfällt, die entstehende Salzsäure dagegen die Metalle sofort stark angreift. Auch unter Einwirkung von Tages-, insbesondere Sonnenlicht, zersetzen sich Tri und in gewissem Maße Per, die man deshalb nicht in hellen Glasgefäßen aufbewahren soll, und ebenso ihre Dämpfe, deren Angriffslust man alle Eisenteile durch sorgfältigen Schutzanstrich entziehen muß. Tri- und Perdämpfe sind zwar schwer, sammeln sich also am Fußboden, diffundieren aber leicht, so daß sie bald in die Atemluft gelangen.

Benzol wird in der chemischen Wäscherei im wesentlichen nur zur Reinigung von Putzwolle und Putztüchern benutzt, neben Trichloräthylen und neuerdings besonders Fettalkoholsulfonaten, die neben gutem Lösevermögen den Vorzug haben, daß sie besser als andere Lösemittel dem Waschgut Weichheit und Aufsaugefähigkeit wiedergeben, zumal eine Trocknung bei 30—40° möglich ist. In der chemischen wie in der Naßwäscherei werden vielfach anstatt der Lösemittel auch wässerige Lösungen, sog. Lösemittelseifen, verwandt. Man löst wasserarme Seifen in organischen Lösemitteln und emulgiert sie; sowohl die Reinigungswirkung der Seifen wie die Lösefähigkeit der Lösemittel wird dadurch erhöht, auch wird die Gefahr der elektrischen Aufladung verringert; z. B. Benzinseifen, Gemische von sauren Seifen mit Benzin, Tetrazol, ein wasserlösliches Seifemittel aus Türkischrotöl (sulfuriertes Ricinusöl) und Tetrachlorkohlenstoff. Andere Lösemittelseifen enthalten Cyklohexanol (Hexalin), Äthylacetat, Essigsäureäthylester (Essigäther), Butylacetat, Säuren und Alkalien. Lösemittel und Lösemittelseifen für die Wäscherei sind in großem Umfang unter Decknamen im Handel, die nur selten ihre Herkunft erkennen lassen. Im Anzeigenteil einer einzigen Nummer eines Fachblattes fanden sich neben bereits genannten Stoffen folgende Namen: Spektrol (Tetrachlorkohlenstoff), Burnol, Hugol, Triforminsalz, Pulvisin, Rogalit, Rostweg, Fleckendoktor, Trimulgan, Gomelit, Neusil, Reduktor. Solche Mittel finden sich auch in Textilbetrieben und in Wäsche- und Kleiderfabriken Anwendung, um einzelne Stücke zu reinigen oder einzelne Flecken zu entfernen, indem man das Mittel mit einer Bürste aufstreicht oder mit einem Stoffballen auftupft, gelegentlich auch das Stück in die Lösung eintaucht. Dabei kann es sich um Arbeiten handeln, die täglich wiederkehren und längere Zeit erfordern; sie bedeuten dann zweifellos eine Gesundheitsgefährdung, wenn sie nicht am offenen Fenster oder unter Absaugung der Dämpfe vorgenommen werden. Auch in den Haushalt dringen solche Mittel immer mehr ein, wenn auch hier die Gefahr nicht sehr groß ist, weil es sich um vorübergehende Arbeiten zur Entfernung einzelner Flecken (Fett, Obst, Rost, Tinte usw.) handelt; allerdings werden auch Mittel benutzt, die, wie z. B. Comedol 90—95% Trichloräthylen oder wie Soroform neben Tri mit Methylchlorid versetztes Chloroform enthalten; harmlos mutet dagegen ein Reinigungsmittel an, das für schwarze und blaue Uniformen empfohlen wird und eine milchige Emulsion aus 40 g Kernseifenlösung, 30 g Ammoniak, 10 g amerikanischem Terpentinöl, 10 g Tetrachlorkohlenstoff und 10 g Spiritus besteht.

Chemisches Waschen der Kopfhaare, insbesondere des Frauenhaars, mit Lösemitteln wird in den Haarpflegereien noch immer vorgenommen, obwohl es Hautschäden und Feuersgefahr mit sich bringt, zumal das Haar sich elektrisch aufladen kann. Die Selbstverwendung zu verbieten, ist nicht möglich, für Friseurbetriebe dagegen ist es in Preußen durch Polizeiverordnung verboten. Danach ist der Gebrauch von Äther, Aceton, Essigäther, Kohlenwasserstoffen, insbesondere Petroläther, Benzin, Ligroin, Naphtha, Benzol, Toluol, hydrierten und chlorierten Kohlenwasserstoffen, insbesondere Tetrachlorkohlenstoff, sowie von Gemischen und Präparaten dieser Stoffe zum Zweck der Haarwäsche und des Haartrocknens verboten. Unter das Verbot fallen auch Erzeugnisse unter Decknamen, z. B. Benzinol, Benzinoform u. a., offenbar aber nicht Haarfärbemittel, obwohl sie vielfach Teerfarbstoffe in Lösungsmitteln, z. B. Diphenylamin, enthalten; auch die seit Jahrtausenden bekannten Haarfärbemittel Henna (gepulverte Blätter des Zypernstrauches (Lawsonia) und Reng (Indigo), die früher nur in heißem Wasser gelöst wurden, werden heute öfter in Alkohol und Äther gelöst, offenbar nur zur besseren Entfettung und schnelleren Trocknung des Haares. Alkohol, Äther, gelegentlich auch andere, wohlriechende Lösemittel werden auch zum Festlegen der Haarwellen vom Haarpfleger verwandt.

Zur Reinigung von eisernem Halbzeug (Röhren, Blechen usw.) und von Eisen- und Metallwaren von Öl und Schmutz, von Versand- und Vorratsgefäßen von Lackresten und Rückständen, zur Entrostung und Vorbereitung von Flächen für metallische Überzüge oder für Lack- und Farbanstriche werden neben Petroläther und Benzol vielfach Tri- oder Perchloräthylen als Lösemittel benutzt, obwohl für manche derartige Zwecke auch dünne Säurebäder oder heiße Soda- oder andere alkalische Lauge genügen und auch noch Verwendung finden, z. B. zum Auskochen der Achsbuchsen von Wagen und anderer Schmierlager. Die Laugen verseifen die tierischen und pflanzlichen Fette und emulgieren die mineralischen Öle; schwächer wirken Kaliseifen und Kalkmilch oder Wiener Kalk. Neben der im Vergleich mit Lösemitteln ungünstigeren Trocknung und stärkeren Begünstigung des Rostens sind die Laugen auch nicht frei von gesundheitlichen Schädigungsmöglichkeiten, Hautätzungen, Augenverletzungen durch Spritzer u. a. In steigendem Maß wird ferner für ähnliche Zwecke das ebenfalls emulgierend wirkende Mittel P. 3 benutzt, das sich als Gemisch von Trinatriumphosphat, Soda und Wasserglas darstellt — wahrscheinlich auch mit einem geringen Zusatz eines je nach dem Verwendungszweck verschiedenen Lösemittels —, das in warmem Wasser gelöst wird oder schon in Lösung in den Handel kommt. Immer wieder findet man ferner für solche Zwecke die Verwendung von Benzin am ungeeigneten Platz, z. B. in Kraftwagenhallen und Werkstätten zur Reinigung nicht ausgebauter Kraftwagenteile von Öl. Der Arbeiter hantiert dann oft unter dem Wagen, in der einen Hand vielleicht eine alte Konservendose mit Benzin, in der anderen einen drahtumwickelten Pinsel, und wundert sich, wenn er aus der Starterbatterie oder ihrer Leitung einen Funken auslöst, der das Benzinluftgemisch zur Explosion bringt und damit seine ölbeschmierte Kleidung in Brand setzt. Auch Waschpetroleum und Benzol werden vielfach in offenen Reinigungsgefäßen benutzt; sie sollten nur in offenen Hallen oder unter starkem Dunstabzug aufgestellt werden. Tetrachlorkohlenstoff wird hier selten benutzt, weil er Eisen etwas angreift. Doch läßt z. B. die Reichspostverwaltung die vielen kleinen Einzelteilchen des Fernsprech-Selbstanschlußmechanismus meist mit Tetrachlorkohlenstoff mit Hilfe von Pinsel und Läppchen reinigen. Sie schreibt dabei u. a. vor, daß für den einzelnen Arbeiter die jeweilige Arbeitszeit nicht länger als 1 Stunde betragen soll und daß der in solchen Anlagen oft vorhandene Staubabsauger auch zur Absaugung der zu Boden sinkenden Tetradämpfe durch Anschluß eines ins Freie führenden, an die Ausblasöffnung des Saugers anzuschließenden Schlauchs benutzt werden soll.

Tri- und Perchloräthylen werden heute immer mehr bevorzugt. Bei der einen Arbeitsweise wird das Waschgut, stückweise oder in Sieben, in einen mit erhitztem, gebrauchtem Tri gefüllten Waschbehälter getaucht, von dort von Hand oder mechanisch in einen zweiten und dritten Behälter bewegt, die reineres Tri enthalten, und dann in einen darüberliegenden Trockenbehälter, in dem das Waschgut durch einen aus dem Arbeitsraum angesaugten Luftstrom getrocknet wird, während das durch ein wassergekühltes Rohrsystem kondensierte Tri den Waschgefäßen wieder zufließt. Die abgesaugte Luft, die naturgemäß auch Tridämpfe enthält, wird ins Freie abgeführt. Bei einer anderen Arbeitsweise wird das Waschgut in einer in einem geschlossenen Waschgefäß drehbaren Siebtrommel unter starker Erwärmung durch Tri- oder Perchloräthylen entfettet, was in 10—15 Minuten geschehen ist. Nach der Zurückführung der Lösung in einen Sammelbehälter werden durch fortgesetzte Erwärmung und durch ein Gebläse die Tridämpfe, auch soweit sie dem Waschgut nach anhaften, entfernt und durch einen Kühler und einen Wasserabscheider in einen Sammelbehälter zur Wiederverwendung geführt. Nachdem alsdann kurze Zeit Frischluft durch das Waschgefäß geblasen ist, kann das Waschgut trocken dem Waschbehälter entnommen werden, ohne daß eine Gefahr des Austretens von Dämpfen in den Arbeitsraum vorliegt. Das Ausblasen der Dämpfe muß aber gründlich geschehen und lange genug fortgesetzt werden, denn nach einer Feststellung des Reichskuratoriums für Wirtschaftlichkeit enthält die letzte ausgeblasene Luft im Kubikmeter:

	bei Tri	bei Per
bei 10°	0,30 kg	0,09 kg
bei 20°	0,48 kg	0,15 kg
bei 30°	0,70 kg	0,24 kg

Das allmählich stark verschmutzte Lösemittel aus dem Sammelbehälter wird von Zeit zu Zeit durch Destillation oder durch Abschleudern der festen und schlammigen Verunreinigungen gereinigt; die Rückstände werden unter Umständen nochmals ausgeschleudert und verbrannt.

Zur Feststellung von Tri- oder Pergehalt in der Raumluft solcher Anlagen wird folgendes, allerdings rohes Verfahren angegeben: Eine nichtleuchtende Bunsen- oder Spiritusflamme, in die ein Kupferdraht eingeführt wird, nimmt bei Vorhandensein von Tri oder Per, bis etwa 4 mg/l, eine grüne Farbe an, bei höherem Gehalt, ∾ 7,5 mg/l, geht die Flammenfärbung ins Blaugrüne, dann ins Blaue und schließlich ins Rote über.

Bei ordnungsmäßiger Bedienung der Anlagen sind nennenswerte Gefahren kaum zu erwarten; auch das Ein- und Nachfüllen des Lösemittels und das selten vorzunehmende, gründliche Reinigen der Anlage von Schmutzrückständen wird bei einiger Vorsicht, zu der bei letzterer Arbeit das sorgfältige vorherige Durchspülen der Anlage mit Wasserdampf und gegebenenfalls die Benutzung der Gasmaske, bei größeren Anlagen, in die eingestiegen werden muß, die Benutzung von Frischluftgeräten unter gleichzeitiger Absaugung der Behälterluft und die Benutzung von Lederhandschuhen gehört, ebenso auch die Aufsicht durch einen außerhalb des Behälters stehenden zuverlässigen Mann, ohne Gefahr vorgenommen werden können. Es sei aber doch auf einige wiederholt festgestellte Möglichkeiten von Gesundheitsschädigungen hingewiesen. Der Arbeiter ist leicht geneigt, seine ölgetränkte Arbeitskleidung in dem Lösemittel zu reinigen; täte er es in dem üblichen Arbeitsverfahren, so wäre kaum etwas

Abb. 2. Trichloräthylen-Wasch- und Entfettungsanlage.

dagegen einzuwenden. Aus Vorsicht oder Angstgefühl macht er es aber leicht in einem offenen Eimer mit abgefülltem Lösemittel oder in der Trommel des Waschgefäßes bei offenem Deckel. Unabhängig von solchen Veranlassungen sollte überhaupt erwogen werden, ob man nicht den Deckel des Waschgefäßes so kuppelt, daß die Einfüllung von Tri und die Heizung nur angestellt werden können, wenn der Deckel geschlossen ist, und daß der Deckel nur geöffnet werden kann, wenn die Heizung und die Trizuführung abgestellt und die Dampfabsaugung angestellt sind. Ein wunder Punkt ist die vielfach noch anzutreffende Gasheizung der Waschgefäße; sie kann bei Unachtsamkeit leicht zu Druckerhöhungen führen, zumal der Siedepunkt des Tri bei 76° gegenüber Per bei 120° liegt. Undichtigkeiten der Verschlüsse und Hähne und die damit verbundenen Gefahren können die Folge sein. Auf die Gefahren der Zersetzung, die für Tri bei 120°, für Per bei 200° beginnt, ist bereits früher hingewiesen worden. Es sollte daher Vorsorge getroffen werden, daß die Heizung nicht angestellt werden kann, ohne daß gleichzeitig oder wenigstens bei Erreichung einer bestimmten Temperatur durch Thermostaten und elektrische Auslösung auch die Absaugung und die Kühlung des Kühlers tätig wird. Auch bei anderer Heizung sollten Einrichtungen vorgesehen werden, die eine zu hohe Erwärmung des Tri vermeiden; so sollte Dampfheizung mit höchstens 2 atü arbeiten und Elektroheizung bei bestimmter Temperatur sich automatisch ausschalten. Die Zersetzung von Tri und Per wird stark begünstigt auch durch die geringsten Spuren von Säure, die etwa den zu reinigenden Metallteilen durch Lötwasserreste, säurehaltige Fettstoffe u. ä. anhaften können. Ist einmal Säure in die Lösemittel gelangt, so bleibt nichts anderes übrig, als sie unter Zusatz von gelöschtem Kalk oder Schlämmkreide und Einblasen von Wasserdampf zu destillieren und die ganze Apparatur mit Sodalauge gründlich auszukochen und mit Heißwasser nachzuspülen. Vorsicht ist auch geboten bei den Schmiermitteln, meist Glycerin und Graphit, und bei den Dichtungen, die nicht gefettet sein sollen, außer vielleicht mit Glycerin, und natürlich auch nicht aus Gummi bestehen dürfen, der von den chlorierten Stoffen angegriffen wird. Stark und stürmisch verläuft unter Umständen die Zersetzung von Tri, wenn Aluminiumkörper gereinigt werden, denen Aluminiumstaub oder -späne anhaften, die, wenn auch nur in feinsten Spuren, wasserfreies Aluminiumchlorid aufweisen. Erst als Katalysator wirkend, dann durch die gebildete Salzsäure immer mehr Aluminiumchlorid bildend, bewirkt es die sog. Friedel-Kraftssche Reaktion, die unter starker Wärmeentwicklung und entsprechender Druckerhöhung verläuft, also Gefahren herbeiführen kann, selbst wenn es nicht zur Bildung explosibler Chloracethylenverbindungen kommt, die aber durch geringen Zusatz von Wasser oder Wasserdampf vermieden werden kann. Zu Gesundheitsschädigungen kann bei längerer Arbeit mit Tri auch die gelegentlich beobachtete Riechsüchtigkeit einzelner Arbeiter führen; so befallene Leute halten sich unerlaubt auch während der Arbeitspausen an den Apparaten auf, öffnen unnötigerweise Verschlüsse, um den Geruch der Tridämpfe aufzunehmen, und nehmen des Abends oder über Sonntag ein mit Tri gefülltes Fläschchen mit nach Hause; sie sind natürlich aus Tribetrieben zu entfernen. Für das Arbeiten mit Tri hat die Berufsgenossenschaft für Feinmechanik und Elektrotechnik ein Merkblatt herausgegeben (RABl. 1929, Nr. 23).

Soweit nur die Lösung von Rost in Frage kommt, wird neben Petroleum oder Trichloräthylen gelegentlich auch Butylalkohol in Verbindung mit Phosphorsäure oder Methylcyclohexanon (Methylanon) benutzt. Als Reinigungsmittel für die etwa alle 10 Tage vorgenommene Großreinigung der Berliner S-Bahnwagen dient für den äußeren Nitrolacküberzug eine mit Putzlappen oder Putzwolle aufgetragene Mischung von 80% eines reinen, säurefreien Erdölproduktes und 20% Dekalin (Dekahydronaphthalin).

Zum Reinigen von Holzmöbeln von alten Lack- und Politurüberzügen und von Beizen dienen meist Gemische von Kohlenwasserstoffen und scharfen Laugen, fast immer unter Decknamen, wie Teufelszeug, Lackweg, Mit der Krähe u. ä. Oft findet man auch Aceton, bis zu 50%, Dichlormethan, Methylenchlorid, Tetrachlorkohlenstoff, Hexalin, Äthylenglykol, Wackerdrawin 28, seltener Benzin oder Trichloräthylen; ein solches Mittel für Nitrolackanstriche hat z. B. folgende Zusammensetzung: 4 kg Aceton, 2 kg Benzol, 1 kg Solventnaphtha, 3 kg Spiritus. Das Mittel „Azol" enthält Trichloräthylen. Die Lösemittel erhalten durch Seifen, Wachse, Schlämmkreide oder Paraffin die zum längeren Anhaften erforderliche Konsistenz und werden mit dem Pinsel oder mit feuchten Tüchern aufgetragen und nach dem Antrocknen mit der Ziehklinge abgezogen, die Möbel dann mit Wasser abgewaschen, getrocknet und trocken geschliffen. Da es sich selten um eine Dauerarbeit handelt, braucht die Gesundheitsgefährdung nicht allzu hoch eingeschätzt werden, es muß aber wegen der Verdunstungsdämpfe und der Staubentwicklung beim Abziehen und Schleifen eine gute und dauernde Lüftung des Arbeitsraumes verlangt werden, gegebenenfalls auch die Benutzung von Lederhandschuhen beim Auftragen der Mittel und beim Abziehen. Auch darf nicht vergessen werden, daß das Holz die Lösemitteldämpfe adsorbiert und erst allmählich wieder abgibt. Zum Entharzen neuer Rohmöbel, damit sie Beizen leichter und gleichmäßiger annehmen, werden Gemische mit Sodalösung und Aceton oder Salmiakgeist und Aceton empfohlen.

Im graphischen Gewerbe werden Lösemittel in erheblichem Umfang zum Reinigen der Arbeitsmittel benutzt, Lettern, Druckstöcke, Farbwalzen u. dgl., und, da die Lösemittel griffbereit sind, auch zur Reinigung der Maschinen und der Hände. Zum Waschen der Lettern und Druckstöcke würden in den meisten Fällen alkalische Laugen genügen, man greift aber zu Lösemitteln, um ein schnelleres Trocknen zu erzielen und Salzansätze zu vermeiden, Benzin von 60—120° Fraktion oder unter Decknamen im Handel gehende Stoffe, die meist Braunkohlenteerprodukte und Trichloräthylen enthalten und angetrocknete Farben schärfer lösen als Benzin, oder auch Tetrachlorkohlenstoff, Benzol, Xylol. Für das Waschen von Walzen wird, wo es aus anderen Gründen vorhanden ist, mit Vorliebe Toluol oder Xylol verwandt, obwohl in vielen Fällen harmlosere Lösemittel genügen würden, z. B. hochsiedendes Waschbenzin von etwa 150—200° Übergangspunkt und etwas Petroleumzusatz, oder auch ein üblicher Kraftwagentreibstoff, der überwiegend Benzin, etwas Benzol und Spiritus enthält, wobei für den vorliegenden Zweck Tetralin an Stelle des Benzols treten könnte. Wenig erfreulich sind hier Terpentinersatzmittel, wie Sangajol, ein Erdölprodukt von 150—180° Siedegrenzen, das vorwiegend gesättigte Kohlenwasserstoffe neben geringen Mengen ungesättigter Verbindungen und 6—8% aromatische Kohlenwasserstoffe enthält. Für das Waschen der Walzen sind häufig geschlossene Kästen in Gebrauch, die, wie z. B. der Automatikus, so eingerichtet sind, daß ihr Deckel sich automatisch schließt, wenn der Arbeiter nach dem Einlegen der Walze den Arbeitsstand vor dem Kasten verläßt. Für Offset-Gummiwalzen und Gummitücher muß, um den Gummi zu schonen, ein Lösemittel gewählt werden, das den Gummi nur wenig und langsam quellen läßt und schnell verdunstet, Leichtbenzin, allenfalls auch Testbenzin mit etwas Spiritus, der das Quellen vermindert. Lösemittel aus Paraldehyd, Spiritus und Ricinusöl sind für den Gummi brauchbar, riechen aber stark und sind teuer. In der Chemigraphie wird zum Ablösen von Farbschichten und von Abdecklacken, die Asphalt und Kolophonium enthalten, Testbenzin mit etwas Xylol oder Toluol und Petroleum benutzt.

In der optischen Industrie wird mit Äther, aber auch mit Trichloräthylen, leider nicht selten in offenen Gefäßen gearbeitet, um die Linsen von den Glasschleifpasten zu reinigen.

Auch um Öle selbst zu reinigen, werden zuweilen besondere organische Lösemittel zu Hilfe genommen, z. B. um Zylinderöle, die bei hohem Dampfdruck, $\sim 350^\circ$, asphaltartige Niederschläge in den Kolbenringnuten geben, von solchen Bestandteilen zu befreien.

c) Kautschuklösungen.

Diente bei den bisher behandelten Verfahren das Lösemittel zur Trennung organischer Stoffe von anderen Stoffen, in deren Gemeinschaft die gelösten Stoffe unverwertbar oder unerwünscht waren, so ist die Lösung von Kautschuk in organischen Lösemitteln ein Zwischenprodukt, das als Grundlage für weitere Verarbeitung des Kautschuks nur schwer umgangen werden kann.

Der vorgewaschene und mastizierte, d. h. durch Quetschen und Kneten unter Erwärmung plastisch gemachte Weichgummi wird in Benzin von 100—125° Siedepunkt — zum Teil wird unnötigerweise noch an Benzol festgehalten — nochmals gewaschen und gelöst, z. B. für die Herstellung der sog. nahtlosen Tauchgummiwaren (Handschuhe, Spielzeug, Schnuller, medizinische Gummiwaren, Präservativs u. a.). In diese Lösung werden Formen aus Glas, Porzellan, Holz, Kunststoffen, die dem gewünschten Erzeugnis entsprechen, getaucht; die Lösung bleibt in dünner Schicht an den Formen kleben und trocknet beim Herausnehmen der Formen an der Luft. Der Vorgang wird wiederholt, bis die gewünschte Dicke der Gummischicht über der Form erreicht ist. Die Herstellung der Lösung erfolgt in dicht geschlossenen, mit Rührwerk arbeitenden Trommeln, und auch das Tauchen der Formen geht in geschlossenen Kästen vor sich, die aber, teils aus Glas, nicht immer dicht sind und deren Einschuböffnung nicht immer geschlossen gehalten wird. Auch die Absaugung wird oft vernachlässigt, da sie allerdings die Konsistenz der Lösung und die Gleichmäßigkeit des Lösungsniederschlages an den Formen stören kann. Um die allmähliche Eindickung der Lösung zu verhindern, werden vielfach die Lösemitteldämpfe gleich innerhalb der Formkasten an wassergekühlten Rohrleitungen wieder kondensiert, doch gelingt dies naturgemäß, bedingt durch den Dampfdruck, nur in beschränktem Maß und muß vorsichtig gehandhabt werden, damit die Kondenstropfen nicht auf die Form fallen.

Bei der Herstellung anderer Gummiwaren werden, um den Kautschuk durch Erweichen und gewissermaßen durch Schmieren der beizumischenden Füllstoffe elastischer und plastischer zu machen, in Schwefelkohlenstoff gelöste Bitumina oder auch Ester mehrwertiger Alkohole, z. B. Triacetin (Triacetylester des Glycerins), Hexalin, Schwefeladditionsprodukte der Terpene und andere Quell- und Weichmachungsmittel zugesetzt. Schwer heilende, tiefe Ekzeme ergab die Bedienung eines Tauchbades für Gummifelle, dem ein Präparat aus Naphthalinsulfosäure und einem üblichen Fettlöser zugesetzt war.

Man hat natürlich versucht, die Lösemittel bei der Gummiwarenherstellung ganz zu vermeiden. Amerika kann es sich leisten, Gummiwaren teilweise unmittelbar aus der vom Gewinnungsort des Rohkautschuks bezogenen eingedickten und am Verarbeitungsort nur verdünnten Kautschukmilch (Latex, Jatex, Revertex) herzustellen, so daß die Gefährdung durch Lösemitteldämpfe geringer wird. Bei uns ist diese Verarbeitung noch in den Anfangsstadien. Zur Zeit wird ein Verfahren ausprobiert, die mastizierte Masse in dampfgeheizten Preßwerkzeugen unter einem Druck von mehr als 100 atü ohne Lösung in die gewünschte Form und Dicke zu bringen.

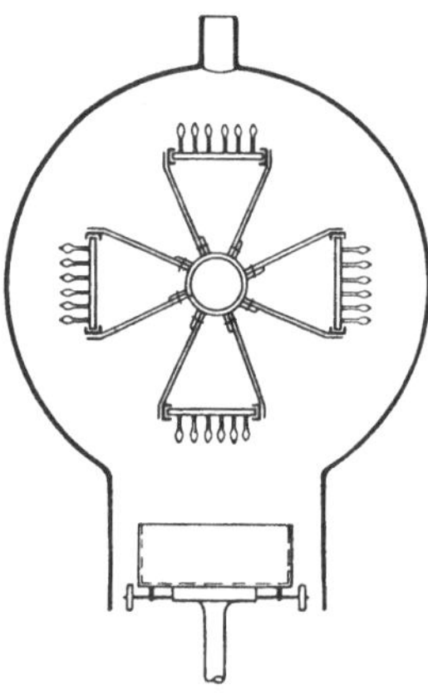
Abb. 3. Herstellung von Tauchgummiwaren. Die auf den drehbaren Rahmen aufgesetzten Formen tauchen in das auf- und abbewegte Gefäß mit der Gummilösung ein.

Beim Vulkanisieren von Gummiwaren, das ihnen die verlangte bleibende Form, Festigkeit und Elastizität geben soll, dienen die Lösemittel in der Hauptsache dazu, den Gummi aufzuquellen und ihn damit für die Aufnahme des Vulkanisationsschwefels aufnahmefähiger zu machen, so bei der Kaltvulkanisation, wo man die Schwefelchlorürlösung mit Schwefelkohlenstoff versetzt, oder bei der Heißvulkanisation, wo man dem in Holzkammern zu verdampfenden Chlorschwefel gelegentlich Tetrachlorkohlenstoff zumischt. Der Schwefelkohlenstoff ist deshalb so beliebt, weil er eine schnelle Quellung und eine langsame und gleichmäßige Vulkanisation bewirkt. Um Zeit und Dampf für die Heißvulkanisation zu sparen, werden oft Vulkanisationsbeschleuniger angewandt, die einen Lösemittelcharakter haben, z. B. Hexamethylentetramin, Methylenamin, Hexahydrobenzol, Cyclohexanon, Nitro-, Benzol- und Kresolverbindungen u. a., die durch Aufquellung und vielleicht teilweise Lösung die Schwefelaufnahme begünstigen und beschleunigen.

Bei der Kautschukregeneration spielen die Lösemittel eine untergeordnete Rolle. Bei den unbrauchbar gewordenen Kautschukwaren liegt fast immer nur mechanische Unbrauchbarkeit vor (Reifen, Schläuche), dagegen kaum eine chemische Zersetzung. Deshalb braucht auch der durch die frühere Vulkanisation gebundene Schwefel und der etwa vorhandende ungebundene Schwefel nicht entfernt zu werden, es werden aber mineralische Füllstoffe (Gips, Kalk, Kieselsäure, Schwerspat, Talkum, Zinkoxyd u. a.), organische Füllstoffe (Faktis) und Faserstoffe aus dem zerriebenen Altgummi ausgeschieden; letztere, indem man sie durch schweflige Säure zersetzt, oder durch starke Alkalilauge, die die Wandungen der Apparatur nicht angreift, deshalb stärker erhitzt werden kann und die beim Säureverfahren zur Plastizierung erforderliche Behandlung mit Wasserdampf überflüssig macht. Die mineralischen Füllstoffe werden durch Lösung des Altgummis in organischen Lösemitteln als Rückstand ausgeschieden, wobei zu beachten ist, daß vulkanisierte Gummiabfälle schwerer zu lösen sind als Rohkautschuk und erst bei 140—150°, weshalb hier ein länger wirkendes, also nicht zu schnell verdunstendes Lösemittel gewählt werden muß. Der als organisches Fällmittel oft anzutreffende Faktis (Schwefel-Ölkautschuk) wird aus dem Altgummi entfernt durch Lösemittel, die die Kautschuksubstanz wenig angreifen, wohl aber den Faktis, Methyl-, Äthylalkohol, Aceton; oft genügt aber auch hier eine alkoholische Natronlauge. Die Wiederherstellung der vollen Plastizität des Kautschuks bedingt starke Wärmezuführung, die höher sein muß als die ursprüngliche Vulkanisationstemperatur, also etwa 170—200°, sei es durch Erhitzung der Lösung, sei es durch heiße Walzen.

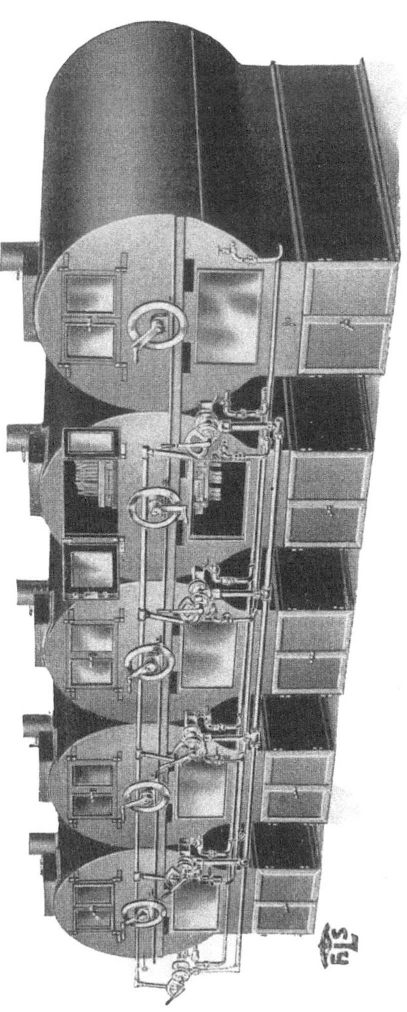

Abb. 4. Einrichtung zur Herstellung von Tauchgummiwaren. Bauart von Heinr. Schirm, Leipzig W.

Zur Herstellung gummierter Gewebe (Mantelstoffe, Decken) wird auf Streich- oder Spreadingmaschinen auf die durch Walzen in die Maschine eingeführten Stoffbahnen eine Benzingummilösung in dünner Schicht maschinell aufgestrichen oder aufgetropft. Die Stoffbahn läuft dann über dampfgeheizte Eisenplatten, über denen das Benzin verdampft. Der Vorgang wird mehrmals wiederholt, bis eine gleichmäßige, dichte Schicht vorhanden ist. Gummierte Gewebe, die glänzen sollen, erhalten oft zum Schluß eine Kunstharzlösung aufgestrichen. Die Maschinen werden dicht über der Auftragsstelle und über den Tockenplatten vollständig eingekapselt; die über den Platten aufsteigenden Dämpfe sinken durch seitliche Spalten unter die Platten und werden hier durch Kühlrohre kondensiert, das Benzin wird zur Wiederverwendung abgeleitet. Anderen Stoffen (Schuh- und Reifenstoffen) werden auf Streichkalandern zähflüssige Gummiteige mit wenig Lösemitteln aufgepreßt, die allerdings weniger tief in das Gewebe eindringen.

Neben der allgemeinen Feuers- und Explosionsgefahr ist hier besonders zu beachten, daß die Stoffbahnen sich beim Laufen über die Einführungsgleitwalzen und Trockenplatten elektrisch aufladen, so daß eine sorgfältige Erdung der Maschine und der Stoffbahn erforderlich ist, daneben Luftbefeuchtung des Arbeitsraumes und Vorkehrungen, gespannten Wasserdampf in den Arbeitsraum und in die Maschine einzuleiten.

Die Vulkanisation der gummierten Gewebe erfolgt entweder in entsprechend langen Zylindern mit Dampf- oder Heißluft, nachdem der erforderliche Schwefel der Gummilösung von vornherein zugesetzt ist, oder kalt durch Schwefelchlorürlösung, die mit Benzin oder seltener mit Schwefelkohlenstoff verdünnt ist, hier nicht nur aus dem oben angeführten Grund, sondern weil er angeblich dem Stoff eine gewisse Griffigkeit verleiht, insbesondere wenn, wie z. B. bei Mänteln mit sog. Samt- oder Pfirsichhautwirkung, oder bei Klepper- und Lederölmänteln die Gummierung für die Außenseite erfolgt, während für einfache Mäntel und andere Gewebe die Innenseite gummiert ist. Zum Färben von Gummiwaren dienen, sofern nicht Erdfarben zugleich als Füllmittel dem Gummi beigemengt werden, die sog. Vulkanfarben, in Benzin gelöste Teerfarben, da Farblösungen in Wasser die Vulkanisation ungünstig beeinflussen würden, und andere Sonderfarben, z. B. Stempelfarben, an die naturgemäß nach ihrer Wirkung auf Gummi, Papier, Stempelkissen besondere Anforderungen gestellt werden, sie haben für Blau etwa folgende Zusammensetzung: 100 g destilliertes Wasser, 100 g Holzessig, 100 g Methylalkohol, 700 g Glycerin, 30 g Methylenblau.

Mit Gummilösungen in Benzin, unnötiger-, leider aber wieder zunehmenderweise auch in Benzol, wird auch sonst in Gummiwarenfabriken viel hantiert, z. B. für Gumminähte an Spielzeug, Bällen, Badekappen, während die Gummikleberei von Mänteln vielfach in kleinen Lohnbetrieben ausgeführt wird, nachdem das Kleben von Gummi- und von Ledermänteln in der Heimarbeit für Preußen durch Verordnungen vom 24. IX. 1929 und 10. VIII. 1934 und für einige andere Länder verboten ist. Zum Kleben der Nähte, Aufkleben der Taschen u. a. wird dabei meist eine Lösung von 10% Paragummi und 90% Leichtbenzin benutzt, die mit dem Pinsel aufgestrichen wird. Auch in der Gummischuhfabrikation spielt das Kleben der einzelnen Teile und das Pressen der Teile eine große Rolle, natürlich auch die Lackiererei, die aber an Lösemitteln fast nur Terpentinöl und Terpentinersatz als Zusatz für Öllacktauchbäder kennt.

Den gummierten Geweben ähnelt das Wachstuch für Tischbelag, Maßbänder u. ä., das durch Auftrag einer Mischung von Firnis und Lösemitteln, meist Benzin oder Benzol, die durch Farbstoffe, Ruß, Verdickungs- und Beschwerungsmittel, Chlorkautschuk u. a. ergänzt ist, auf Gewebe entsteht. Gelegentlich werden auch Kollodiumlösungen mit Quell- und Weichmachungsmitteln (Ricinusöl, Amylacetat, Palatinole) auf Gewebe heiß aufgewalzt.

Der in letzter Zeit sehr bekannt gewordene Chlorkautschuk, eine Verbindung des Chlors mit Bestandteilen des Kautschuks, wie sie auch Celluloseäther bieten, dient vorwiegend in Lösung zu Anstrichzwecken zwecks Ölersparnis, z. B. Pergut, Dartex, Tornesit. Er wird dazu in Benzol oder seinen Homologen, Solventnaphtha, Methylenchlorid, Tetrachlorkohlenstoff, Dioxan, Butyl-, Äthyl- oder Glykolacetat gelöst; Alkohole Benzin wirken nicht. Der Chlorkautschuk ist mit allen möglichen Eindickungs- oder Verdünnungsmitteln, Ölen, Kunstharzen, Pigmenten u. dgl. verträglich und zeichnet sich durch hohe Widerstandskraft gegen Laugen, Säuren, Witterungseinflüsse, Industriegase, als Korrosions- und Feuerschutzanstrich aus. Als sog. Fixation für Zeichnungen, Landkarten u. ä. dienen ebenfalls Lösungen von Kautschuk in chlorhaltigen Lösungsmitteln, z. B. Tetrachlorkohlenstoff, Äthylendichlorür, und in Gemischen von Benzol und Dekalin, Hydroterpin u. a.

Ölkautschuk, auch Faktis genannt, ist ein Einwirkungsprodukt von Schwefel oder Schwefelchlorür auf trocknende, fette Öle, dem gelegentlich geringe Mengen Chlor oder Lösemittel zugesetzt werden und der als Füllmittel für Kautschukwaren, Radiergummi, Gummikitte u. ä. dient. Statt der fetten Öle werden jetzt auch Trane, Fischöl, Tallöl benutzt, als Löse- und Verdünnungsmittel Lackbenzin. Bei dem Mangel an Naturkautschuk und Ölen wird heute vielfach auf elastische Erzeugnisse auf Leim- und Glycerinbasis zurückgegriffen.

Der synthetische Gummi Buna, der von dem Acetylenderivat Butadien ausgeht, bedarf zu seiner Herstellung keiner Lösemittel, ist aber bei seiner weiteren Verarbeitung, Lösung, Vulkanisation auf die gleichen Stoffe und Lösemittel, seltener auch Weichmacher angewiesen wie der Naturkautschuk, insbesondere auch für die Kautschuklackfabrikation, wo er trotz hohen Preises mit den Chlorkautschuklacken in Wettbewerb tritt, da die Erzeugnisse besser haften und elastischer sind.

d) Die Cellulose und ihre Löser.

Für die Frage der Lösung von Cellulose für weitere Verarbeitung ist es nicht von grundsätzlicher Bedeutung, ob die Cellulose der Baumwolle entstammt oder dem Holz, und ob der Holzzellstoff nach dem Sulfitverfahren oder dem Natronverfahren gewonnen ist. In der Viscose- und Filmherstellung wird vorwiegend Holzzellstoff verarbeitet, während bei der Herstellung von Acetatseide noch an Baumwollcellulose (Linters) festgehalten wird. Für Verarbeitungszwecke kommen in erster Linie Ester der Cellulose in Frage, und zwar solche mit anorganischen Säuren, die Nitrocellulose und die Cellulosethiocarbonate (Viscose), und solche mit organischen Säuren, vor allem die Acetylcellulose, in geringerem Maß auch Äther der Cellulose, Äthylcellulose, Benzylcellulose und Glykoläther der Cellulose. Die Lösbarkeit der Cellulosearten in organischen Lösungsmitteln hängt ab von dem Veresterungsgrad; sehr hoch oder sehr niedrig veresterte Celluloseabkömmlinge haben eine geringere Lösbarkeit als solche mittleren Grades; sie hängt weiter ab von Verunreinigungen, vom Wassergehalt und von den Teilchengrößen (Depolymerisationsgrad). Nach Highfield nimmt man an, daß Zahl und Art der in den Lösungsmitteln vorhandenen Molekülgruppen in bestimmter Weise auf die in den Cellulosederivaten vorhandenen Gruppen, polaren und unpolaren, abgestimmt sein müssen. Überwiegt in einem Celluloseabkömmling die polare Gruppe, so ist er in polaren Lösemitteln leichter lösbar und umgekehrt, z. B. Nitrocellulose ist je nach dem Stickstoffgehalt in ganz bestimmtem Verhältnis Äther : Alkohol lösbar; bei zunehmendem Stickstoffgehalt nimmt der polare Charakter ab, daher steigende Mengen Äther zweckmäßig. Bei Acetylcellulose verlangen die höchsten Acetylierungsstufen ein Gemisch von chlorierten Kohlenstoffen und geringen Mengen Alkohol, die mittleren Stufen alkoholreichere Gemische oder Aceton, für die niedrig acetylierten Stufen genügt ein Alkoholwassergemisch. Von Wichtigkeit für die Weiterverarbeitung von Celluloselösungen ist ferner ihr Zähflüssigkeitsgrad (Viscosität), der sich aber durch Temperatur und Zeitdauer der Veresterung (Nitrierung, Acetylierung), häufiges Auswaschen, Zusatz geringer Mengen Säure oder wechselnden Lösemitteln stark beeinflussen läßt.

Ein großes Verwendungsgebiet hat sich die Lösung von Cellulose in organischen Lösemitteln in der Kunstfaserherstellung erobert. Der erste Hersteller der Kunstseide, H. de Chardonnet, ging von der Nitrocellulose aus; heute wird die Chardonnet-Kunstseide in Deutschland nicht mehr hergestellt, im Ausland nur noch ganz vereinzelt. Die Cellulose wird in dem üblichen Nitrierbad von ∾ 62% Schwefelsäure, 20% Salpetersäure, 18% Wasser in der Wärme, um eine niedrig viscose Lösung zu erhalten, nitriert bis zu etwa 12% Stickstoffgehalt. Diese Nitrocellulose wird in einer Alkohol-Äther-Mischung, 4 Teile Alkohol, 3 Teile Äther, in Drehtrommeln gelöst, die Lösung wird filtriert und durch Stehenlassen gereift. Das so gewonnene Kollodium wird mit hohem Druck von ∾ 50 kg/qcm durch feine Spinndüsen gepreßt und erhärtet an der Luft sofort. 20—30 der Spinnfasern werden zu einem Faden vereinigt. Die mit Alkohol-Äther-Dämpfen gesättigte Luft der Spinnstellen wird abgesaugt, die Lösemittel werden wiedergewonnen. Trocknen, Auswaschen, Zwirnen, Haspeln der Fäden ist das in der Textilindustrie Übliche. Die Haspelsträhnen müssen aber denitriert werden, um der großen Verpuffungs- und Brandgefahr zu begegnen; es geschieht in einem Alkali- oder Calciumsulfhydratbad.

Bei dem heut am meisten verbreiteten Viscoseverfahren geht man von dem Sulfitzellstoff der Nadelhölzer aus — erst in allerneuester Zeit ist auch Buchenholz mit Erfolg versucht worden —, der gebleicht in Plattenform den Kunstseidefabriken zugeht. Zunächst wird Alkalicellulose hergestellt durch Mischung des Zellstoffs mit Natronlauge und gründlicher Durchknetung in den bekannten Werner u. Pfleiderer-Maschinen. Nach Abpressen des Laugenüberschusses, Zerfaserung und einem Reifeprozeß wird die Alkalicellulose mit $\sim$ 15% Schwefelkohlenstoff in geschlossenen Rührtrommeln versetzt und in Cellulosethiocarbonat überführt, das, in Wasser ausgelaugt oder gelöst, unter dem Namen Viscose bekannt ist. Nachdem die Viscoselösung verschiedene Reifephasen durchlaufen hat, filtriert und im Vakuum entlüftet ist, ist sie spinnfähig. Der Spinnvorgang unterscheidet sich von dem der Chardonnet-Seide dadurch, daß der unter Druck durch freie Düsen gepreßte Faden in einem aus Schwefelsäure und gewissen Salzen zusammengesetzten Fällbad koaguliert wird. Aus dem Nitrierbad der Chardonnet-Seide und dem Sulfidiervorgang des Viscoseverfahrens haften den Spinnfäden noch Sulfoester und komplexe Thiocarbonate an, die durch verschiedene Bäder entfernt werden müssen, um später beim Färben der Fäden Störungen zu verhüten. Diese Bäder und die nachfolgenden Trockenvorgänge können ebenso wie das Fällbad noch gewisse Mengen Schwefelwasserstoff und anderer Schwefelverbindungen abgeben, die zur Vorsicht mahnen. Gründliche Absaugung ist jedenfalls überall am Platze. So ist das Spinnbad in der Regel mit einem leicht aufklappbaren, mit Beobachtungsfenstern versehenen Holzkasten ummantelt, aus dem abgesaugt wird. Hier und da hat man auch neben der Absaugung mit Erfolg versucht, durch vorgelegte leichte Dampfschleier, die zugleich anderen Zwecken dienen, das Austreten von Schwefelwasserstoff- weniger Schwefelkohlenstoff- u. a. Dämpfen und von Säurespritzern in den Atembereich des bedienenden Arbeiters zu verhüten. Die starke Absaugung verlangt auch Frischluftzuführung, die meist durch Dampfversprühung ergänzt wird, um eine Krystallbildung in den Spinnfasern zu unterbinden. Der gefährlichste Punkt der Fabrikation ist der Sulfidierraum. Der Schwefelkohlenstoff muß selbstverständlich in geschlossener Leitung in die Sulfidiertrommeln eingeführt werden. Bevor die Trommeln nach dem Sulfidiervorgang geöffnet werden, sind die Schwefelkohlenstoffdämpfe gründlich abzusaugen und durch Heißluft auszublasen. Eine Wiedergewinnung des Schwefelkohlenstoffs aus dem Dampf-Luftgemisch ist bisher nicht üblich und wird von den Unternehmern als unwirtschaftlich und auch nicht ungefährlich abgelehnt. Die aus den Trommeln abgezogene Masse darf natürlich nicht in offenen Karren weiterbefördert werden, da ihr immer noch etwas Schwefelkohlenstoff anhaftet, sie fällt am besten aus den gekippten Trommeln unmittelbar durch Öffnungen im Fußboden des Arbeitsraums in andere geschlossene Gefäße zur Weiterverarbeitung. Alle Vorsichtsmaßregeln zur Verhütung von elektrischen Aufladungen und Zündfunken, die Brände und Verpuffungen auslösen können, müssen selbstverständlich sorgfältig beachtet werden. Der Sulfidierraum selbst soll möglichst zahlreiche Fenster auf gegenüberliegenden Seiten und Lüftungsöffnungen in der Nähe des Fußbodens haben, da Schwefelkohlenstoffdämpfe schwer sind. Ein Ersatz für den an allen Stellen, Anfuhr, Umfüllung, Lagerung, Leitung, Löseapparatur, Absaugung höchst unerfreulichen Schwefelkohlenstoff ist für das Viscoseverfahren noch nicht gefunden. Dabei ist zu beachten, daß auch die Herstellung von Zellwolle, die chemisch und technisch nichts wesentlich anderes ist als Kunstseide, und deren Fabrikation in ganz großem Umfang aufgenommen worden ist, hauptsächlich auf das Viscoseverfahren und damit auf den Schwefelkohlenstoff angewiesen ist. Die Acetatkunstseidenfabrikation hat, obwohl sie gute Erzeugnisse liefert, aus wirtschaftlichen Gründen den Aufschwung und Umschwung auf Zellwolle nur in beschränktem Maße mitmachen können.

Die Herstellung der Acetatkunstseide geht von der Acetylcellulose aus. Die Acetylierung der Cellulose, meist Baumwollcellulose (Linters), muß schon unter dem Gesichtspunkt erfolgen, daß das Erzeugnis später in bestimmten Lösemitteln (Aceton, Methylacetat u. a.) lösbar ist. Das einfachste Verfahren, in einem Bad aus Essigsäureanhydrid und einem Celluloseacetat nicht lösenden Lösemittel (Benzin, Benzol, Tetrachlorkohlenstoff u. a.) zu acetylieren, wird deshalb seltener angewandt, obwohl dabei die Baumwollfaser ihre Form, abgesehen von einer leichten Quellung, behält und ihre Trennung von dem Bad durch Abschleudern erfolgen kann. Man benutzt vielmehr ein Bad von Essigsäureanhydrid und etwas Eisessig unter Mitwirkung von Katalysatoren (Schwefelsäure oder Zinkoxyd). Man vermeidet auf diese Weise zwar das Benzol u. a., muß aber, um das gewonnene Celluloseacetat lösbar in organischen Lösemitteln zu machen, den überschüssigen Essigsäuregehalt durch Hydratisierung (Verseifung) mit verdünnter Mineralsäure wieder abspalten, bevor man das Celluloseacetat ausfällt und weiterbehandelt. Unabhängig von etwa mitverwandtem Benzol sind die Bäder, Knetmaschinen, Zentrifugen sorgfältig geschlossen zu halten, da Essigsäureanhydrid die Schleimhäute stark angreift. Die Essigsäure wird aus der wässerigen Lösung wiedergewonnen, indem man sie mit Teerölen extrahiert und fraktioniert destilliert. Die Acetylcellulose wird meist in einem Aceton-Alkoholgemisch gelöst, seltener in Methyl-Äthylketon, Glykol- oder Milchsäureester, Essigsäureester u. a. Diese Spinnlösung, der im Gegensatz zur Viscoselösung schon die notwendigen Weichmacher, Bleichmittel usw. zugesetzt werden können, um spätere Bäder zu vermeiden, wird mehrfach filtriert, unter 7 atü-Druck durch die Spinndüsen in einen Zylinder gepreßt, in dem ihr Luft von 50—60° Wärme zur Trocknung entgegenströmt. Die Lösemitteldämpfe werden abgesaugt und wiedergewonnen. Trotz des Vorzugs der Schwerbrennbarkeit und des geringeren Vergilbens in Fasern und Lacken kann die Acetylcellulose die Nitrocellulose nicht verdrängen. Die hochviscose Acetylcellulose dient zur Herstellung von schwer brennbaren Kinofilmen und Zellhornersatz, die niedigviscose zur Herstellung schwer brennbarer Lacke.

Die für Kunstseidenherstellung nach ähnlichem Verfahren und mit gleichen Lösemitteln ebenfalls vorgeschlagene Äthyl-, Methyl- und Benzylcellulose haben auf diesem Gebiet keinen Fuß fassen können, dagegen findet die Methylcellulose mit oder ohne Lösemittel Anwendung für sog. Glutolininnenanstriche, als Klebstoff Glutofix, als Appretan in der Textilindustrie, unter dem Namen Flaka als Flaschenkapselstoff; ferner die Benzylcellulose, die gute Wasser- und Säurefestigkeit hat, als plastische Masse für Akkumulatorenkästen und gelöst als Lack für Flugzeuganstriche.

Nicht aus Cellulose- sondern auf Eiweißgrundlage aufgebaut ist das auf einer deutschen Erfindung beruhende, in Italien ausgebildete Verfahren zur Herstellung einer Kunstwolle (Lanital) aus Casein. Das aus besonders entfetteter Magermilch durch Lab oder Säure oder auch durch elektrischen Strom ausgefällte, gewaschene und getrocknete Casein wird in Alkalien gelöst und durch Düsen in ein aus Säuren, Alkoholen und Formaldehyd bestehendes Bad gepreßt, wo es zu einem Faden koaguliert wird.

Auch bei der weiteren Behandlung der Kunstfasern werden ebenso wie für Naturfasern Lösemittel, meist in Verbindung mit anderen Stoffen zu verschiedenen Zwecken angewandt, so werden Kunstseidefäden mit Kunstharz- oder Terpentinlösungen mattiert, Kunstseide wird durch Verharzen der Faser, natürlich in feinsten Harzlösungen, knitterfest gemacht, die Zellwolle, die ja auch Viscose ist und zwecks besserer Verarbeitung mit Wolle gekräuselt wird, muß eine Fixierung der Kräuselung erhalten, die dadurch erhalten wird, daß man kunstharzbildende Pasten einlagert. Zur sog. Arrivage und Appretur werden Lösungen mit Tetrachlorkohlenstoff und anderen Lösemitteln meist unter Decknamen benutzt, zur Hervorrufung des sog. Seidengriffs wird hier und da noch Tetrachloräthan benutzt, zur Erzielung der sog. Baykogarne wird Baumwolle in einer Lösung von Metallpulver in Celluloseacetatlösung getränkt. Als Netz- und Dispergiermittel werden Lösemittel benutzt, um aus Garnen und Geweben Fett- und Ölreste zu lösen und die Faser durch Verringerung der Oberflächenspannung für die Aufnahme von Bleich- und Färbemitteln, Mercerisierlauge u. ä. empfänglicher zu machen, unter Umständen unter Ersparung vorheriger Kochung; so wird beim Mercerisieren von Baumwolle ein Netzmittel mit Methylhexalin benutzt, das sich dann in Verbindung mit einem auf Phenol- oder Kresolbasis aufgebauten Präparat in der Ätznatron-Mercerisierlauge löst und wirkt. Andere Netzmittel sind sulfonierte Fettalkohole, Türkischrotöl (sulfuriertes Ricinusöl) mit Seifen und Trichloräthylen oder Amylacetat, Anteigmittel: Acetin (Glycerintriacetat), Glycerin, Dioxydiäthylsulfid. Bei der Herstellung von Kohlepapieren und Durchschreibepapieren dient Benzylalkohol dazu, um die Papierfaser aufnahmefähig für die Farblösung zu machen. Butanol wird benutzt, um die Schaumbildung von Farblösungen in der Papierflotte zu verhüten.

e) Die Lösemittel in der Sprengstoffindustrie.

Zur Herstellung rauchschwacher Pulver wird nitrierte und aus den Verdrängern alkoholfeucht kommende Cellulose, sog. Schießbaumwolle, von 12,5—13,4% Stickstoffgehalt, meist ein Gemenge löslicher und nichtlöslicher Cellulose, mit einem Gemisch von Äthyläther und Äthyl- und Methylalkohol — 2 Teile Äthyläther, 1 Teil Alkohol — getränkt. Die dabei gelatinierte Nitrocellulose wird in einem Werner- und Pfleiderer-Apparat durchgeknetet, mit etwas Campher zur Verlangsamung der späteren Verbrennung und 1—2% Diphenylamin zur Stabilisierung versetzt. Aus gefahrentechnischen und wirtschaftlichen Gründen werden die Lösemitteldämpfe abgesaugt, ebenso beim nachfolgenden Pressen der Masse, jedoch so, daß nach Absaugung der zuerst verdunstenden Ätherdämpfe noch etwas Alkohol in der Masse bleibt, um ihr für das Pressen und nachfolgende Arbeiten die erforderliche Elastizität zu erhalten.

Ähnlich wird bei der Herstellung von Nitroglycerinpulver die mit Wasser angesetzte, mit Nitroglycerin getränkte Nitrocellulose, die alsdann wieder auf 30—35% Wassergehalt getrocknet und gesiebt wird, in Pfleiderer-Maschinen mit Lösungsmitteln, meist Aceton, gelatiniert und durchgeknetet und mit Diphenylamin stabilisiert. Neuerdings wird auch ohne Lösemittel, nur mit einem Weichmachungsmittel, gelatiniert, z. B. mit Centralit (Diphenyldimethylharnstoff). Der technische und hygienische Vorteil besteht darin, daß die zur Entfernung des Acetons aus der gepreßten Masse erforderlichen Trockeneinrichtungen vermieden werden, der Nachteil darin, daß zum Pressen höhere Drücke und Temperaturen erforderlich sind und daß die Explosionsgefahr damit wächst. Neben Glycerin und Glykol können auch andere Lösemittel und ihre Lösungen, z. B. hochwertige Alkohole in Glycerin und Glykol, Aldehyde u. a. nitriert und zu Sprengstoffen benutzt werden. Toluol wird nitriert, meist zu Trinitrotoluol, nach dem Waschen in Alkohol oder Toluol gelöst und aus der Lösung auskrystallisiert.

Kohlenwasserstoffe mittleren Flammpunktes werden zur Herstellung von Chloratitsprengstoffen benutzt, z. B. Petroleum. Die Gesundheitsgefahr bei der Herstellung dieser Sprengstoffe hat neben der Explosionsgefahr nur eine untergeordnete Bedeutung, zumal bei der Fabrikation meist nur einzelne Leute und nur zeitweise an den Knetapparaten, Krystallisationsgefäßen arbeiten und die Dämpfe überall ohne Schwierigkeiten abgesaugt werden können.

Die Verwendung von Alkohol bei der Herstellung von Fulminatknallsatz (Knallsäuresalze) für Zündkapseln, die von der Entwicklung giftiger Dämpfe, wie Stickoxyde, Äthylnitrit u. a., begleitet war, ist durch die Anwendung von Bleiacid und Bleiresorzinat, deren Herstellung natürlich auch nicht ohne Gefahrenmöglichkeiten vor sich geht, mehr und mehr verdrängt worden. Alkohol wird in der Feuerwerkerei auch sonst benutzt, um an Stelle des ungeeigneten Wassers Bestandteile oder Sätze anzufeuchten zur Verhütung oder Verminderung explosiblen Staubes.

f) Formbare Massen und Kunststoffe.

Die sog. plastischen Massen, d. h. organische Stoffe, die, zum Teil durch Löse- und Weichmachungsmittel gelatiniert, unter Erwärmung und Druck spanlos in beliebige Formen gebracht werden können, haben in dem letzten Jahrzehnt eine große Bedeutung gewonnen, die durch die Einschränkung der Eisen- und Metallverarbeitung immer weiter zunimmt. Man unterscheidet im wesentlichen solche auf Cellulosegrundlage aufgebauten Stoffe, Kondensations- und Polymerisationsprodukte und Caseinprodukte. Für die Lösemittelverwendung sind die ersteren die wichtigsten, am bekanntesten das Zellhorn (Celluloid). Die meist aus Baumwoll-Linters oder feinem Kreppapier hergestellte Kollodiumwolle von 10,5—11,5% Stickstoffgehalt wird stabilisiert und mit einer Alkohol-Campherlösung zu einer homogenen Masse durchgeknetet, unter hohem Druck durch Gewebe gefiltert, unter Verdunstung des Alkohols gewalzt und gegebenenfalls gefärbt und poliert. Die gewalzten Platten werden durch starken, längere Zeit gehaltenen Druck zu einem Handelsprodukt von bestimmter Dicke zusammengepreßt. Die Masse kann geschnitten und gespalten, unter Erweichung gepreßt und gezogen, unter Lösung durch Aceton, Essigsäure u. a. gegossen und geblasen werden. Von der Schuhöse und dem Schuhabsatzüberzug bis zur Korallenimitation und dem Puppenkopf können tausenderlei Dinge daraus geformt werden, aber sie sind sehr leicht entzündbar und verbrennen unter Stichflammen und Entwicklung gesundheitsschädlicher Gase. Das entsprechende, schwer brennbare Erzeugnis aus Acetylcellulose, das Cellon, wird in ähnlicher Weise hergestellt, allerdings nicht mit Campher-, sondern mit Campherersatzlösung. Es ist etwas weicher als Zellhorn, besonders in der Wärme, und teurer. Ähnliche Produkte sind Trolit F aus Nitrocellulose, mit Camphererersatzstoffen und anderen hochsiedenden Quellmitteln und anorganischen Füllstoffen — z. B. Gips zur Unbrennbarmachung — auf heißen Walzen gelatiniert und mit alkoholgelösten Teerfarben und 5% Aceton gebeizt und gefärbt, und Trolit B aus Acetylcellulose, Campherersatz und anderen Weichmachern, wie Acetanilid, Triacetin, aber ohne größere Mengen von Füllstoffen. Es kann bei 150—200° so erweicht werden, daß es als Spritzguß angewandt werden kann, Trolit W. Sondererzeugnisse sind die als Cellophan, Transparit und unter ähnlichen Namen bekannten glasklaren, dünnen Massen, die aus dem gelösten Natriumcellulosexanthogenat (Viscose) oder dem entsprechenden Acetylprodukt durch Behandlung in sauren Bädern hergestellt sind und als Staubhüllen, Verpackungsstoff, Wurstdarm oder Trinkröhrchen, für Flaschenkapseln, in etwas dickerer Form als Auf- und Zwischenlage für Sicherheitsglas oder auch für sich allein als Glasscheibenersatz und für andere Zwecke Verwendung finden. Außer Transparentfolien werden aus Acetyl- oder Äthylcellulose auch pigmentierte Folien hergestellt, z. B. die sog. Goldbobinen für die Zigarettenindustrie.

Zellhornabfällen, die anderweitig wieder verwendet werden sollen, wird, oft unnötig, der Campher durch Trichloräthylen und Heißwasser entzogen, die Reste der Tridämpfe, die dem Zellhorn noch anhaften, werden mit Wasserdampf abgetrieben.

Das wichtigste plastische Nitrocelluloseerzeugnis ist der photographische Film (Kinofilm, Amateurfilm, Röntgenfilm u. a.). Die sorgfältig bis ∾ 12% Stickstoffgehalt nitrierte Baumwollcellulose wird in einem Gemisch leichtflüchtiger Lösemittel, meist Äther-, Methyl- und Äthylalkohol, seltener Aceton oder Methylacetat, einem geringen Zusatz eines mittelhochsiedenden, den Dampfdruck des Äther-Alkoholgemisches mindernden Lösemittel, Amylalkohol oder Amylacetat, und einem schwerflüchtigen Weichmachungsmittel, fast immer Campher, gelöst. Die Auswahl der Lösemittel ist besonders deshalb beschränkt, weil sie nicht in Wasser löslich sein und nicht mit den Silbersalzen der lichtempfindlichen Schicht reagieren dürfen. Die Gießlösung wird unter starkem Druck filtriert und gut entlüftet, in der Gießmaschine auf eine sorgfältig geglättete, gleichmäßig langsam bewegte Fläche — entweder ein rotierender Zylinder mit hochpolierter Nickelfläche oder seltener ein über 2 Zylinder laufendes endloses Metallband — gleichmäßig dünn aufgegossen und weitertransportiert, gegebenenfalls über besondere Trockenwalzen, bis die Lösemittel verdunstet sind, unter Absaugung der Lösemitteldämpfe und Zutritt filtrierter Frischluft. Um die Haftung der später aufzubringenden lichtempfindlichen Emulsionsschicht zu sichern, muß die Filmfläche zunächst präpariert werden; dies geschieht durch Auftragung einer feinen und reinen Gelatineschicht, die mit Lösemitteln so weit versetzt ist, daß die Filmfläche hauchdünn angegriffen wird und die Haftung der Gelatine ermöglicht. Für die weitere Verarbeitung spielen die Lösemittel keine Rolle. Bei der Verwendung der Filme haben die Bildentwickler lösemittelähnlichen Charakter, z. B. Metol, Hydrochinon, natürlich nur für die Bildschicht, während sie den Film nicht angreifen dürfen. Als Klebemittel, die in der Filmbehandlung eine große Bedeutung haben, dient meist ein Gemisch von Aceton und Amylacetat, für den Acetylcellulosefilm von Aceton und Essigsäure oder Dichlorhydrin. Die Herstellung des schwer verbrennlichen Acetylcellulosefilms weicht von dem dargestellten Herstellungsverfahren wenig ab. Als tiefsiedendes Lösemittel wird Aceton benutzt, seltener für sich oder als geringe Zusätze Methylenchlorid, Methylacetat oder Methylformiat, als schwerflüchtiges dient Triacetin, Phthalsäuremethylester; der Zusatz von Triphenylphosphat dient teilweise anderen Zwecken. Dem Vorzug der Schwerverbrennlichkeit des Acetylcellulosefilms stehen als Nachteil, abgesehen von dem höheren Preis, auch kinotechnische Nachteile gegenüber, geringere mechanische Festigkeit, d. h. leichtere Verschrammbarkeit und leichteres Einreißen der Perforation, größere Brüchigkeit, also schnelleres Altern und Erfordernis stärkerer Lichtquellen, um für die Bildproduktion ein gleich klares Bild hervorzurufen. Immerhin werden durchaus brauchbare Filmsorten, insbesondere für den mechanisch meist weniger stark beanspruchten Schmalfilm, hergestellt. Röntgenfilme, die eine etwas stärkere Zellhornschicht haben als die Photographen- und Amateur-, Roll-

und Packfilme, werden ebenso hergestellt wie die anderen Filme, erhalten aber oft auf beiden Seiten eine hochempfindliche Emulsionsschicht, sie sind dadurch etwas weniger feuergefährlich.

Auf Cellulosegrundlage beruhen auch Kunstlederarten. Nach den Bedingungen des Reichsausschusses für Lederbedingungen dürfen als Kunstleder nur bezeichnet werden gewebe- und filzartige Stoffe aus tierischer, pflanzlicher und sonstiger Faser, die lederähnliche Eigenschaften nachahmen und einen wasserbeständigen Überzug auf der Grundlage von Cellulosederivaten tragen. Lederabfälle, z. B. sog. Blanchierspäne, Spaltspäne, schwache Spaltstücke, werden zerfasert oder zermahlen, mit Cellulose-, insbesondere Zellhornlösungen oder Kautschuklösungen in organischen Lösemitteln zusammengeknetet und zu Platten gepreßt. Andere lederähnliche Kunststoffe (Dermatoid, Pegamoid) entstehen durch mehrfaches Überziehen von Geweben mit Celluloselösungen, meist Nitrocelluloselösungen, mit Benzin, Methylalkohol und Amylacetat und Ricinusöl als Weichmacher, oft auch Zellhornabfallösungen in Alkohol und Methylacetat oder Aceton und Ricinusöl. Die Glanzgebung und Musterung erfolgt durch erwärmte Walzen und wird durch hohen Öl- und Amylacetatgehalt erleichtert. Linoleumersatzstoffe, z. B. Triolin, benutzen als Bindemittel schwer brennbare Lösemittelmischungen, z. B. Nitrocelluloselösung mit Zusatz von Trikresylphosphat, während Linoleum selbst einen Lösemittelzusatz nur in geringerem Maße für die zugesetzten Harze und Farben benötigt. Auch Papiere erhalten Überzüge von Celluloselösungen, z. B. die sog. Schablonen für Vervielfältigungen: sog. Japanpapier wird in ein erwärmtes Tränkbad von Celluloselösung in Äther-Alkoholgemisch, Amylacetat, Benzol und Weichmachern getaucht. Es entweichen Lösemitteldämpfe, die abgesaugt werden müssen, aber leider nicht mit dem Tauchbad eingekapselt werden können, da Auge und Hand des geübten Arbeiters für das Bad nicht entbehrt werden können. Ebenso entweichen Dämpfe bei dem Herausnehmen des Schablonenpapiers aus dem Trockenkanal, wo gegebenenfalls ein abzusaugender Frischluftschleier zwischen die Öffnung des Trockenkanals und den Arbeiter gelegt werden kann. Mit einem Ersatz der Lösung durch ein mit Leim, Weichmacher, Öl und Wasser versetztes Eiweißpräparat ist nicht viel gewonnen, da die Masse durch Formaldehyd gegerbt werden muß, und die an den gleichen Stellen entweichenden Formaldehyddämpfe gesundheitsschädigend wirken können. Auch Mundstücke der Zigaretten- und Zigarrenspitzen erhalten Celluloseacetatüberzüge, um sie gegen Feuchtigkeit der Lippen unempfindlich zu machen.

Die durch Kondensation und Polymerisation (Größenänderung und Verlagerung der Moleküle unter Wasserabstoßung) gewonnenen plastischen Massen sind nur zum Teil in organischen Lösemitteln lösbar und werden dann in großem Umfang zu Lacken, Kitten u. dgl. verarbeitet, während die nicht lösbaren unter starker Erwärmung in beliebige Formen gepreßt werden können und in dieser gehärteten Form unverändert sind und nicht mehr in den früheren Zustand zurückgeführt werden können.

Als Mittel zur Lösung solcher polymerisierter plastischen Massen dienen besonders aromatische Kohlenwasserstoffe, während Benzine nicht lösen und Alkohol nur auf sauerstoffhaltige Stoffe lösend oder quellend wirkt.

Lösungsmittel sind selbst vielfach der Ausgangspunkt für die Polymerisation und Kondensation, zuweilen auch nur als Polymerisationsbeschleuniger, z. B. Hexamethylentetramin. Das älteste und bekannteste Kondensationsprodukt sind die Bakelite aus Phenol oder Kresol und Formaldehyd, die mit Fällstoffen versetzt und gehärtet zur Herstellung von Radiokästen, elektrotechnischen Artikeln usw. dienen, in nichtgehärtetem Zustand aber auch gelöst werden können und dann im wesentlichen nur Bindemittel für Füllstoffe sind. Pollopas, Resopal u. a. sind: (Thio)-Harnstoff-Formaldehyd-Kondensationsprodukte für weiße oder helle Formstücke, z. B. Schalen, Billardkugeln; Glyptale und Alkydharze sind Phthalsäure-Glycerin-Kondensate. Trolitul ist ein Polymerisationsergebnis des Kohlenwasserstoffs Styrol (Äthylbenzol), das auch spritzbar gemacht werden kann. Bei vielen solcher Polymerisationsprodukte, die für sich ohne weiteres als Kunststoffe angewandt werden können, dienen ihre Lösungen in organischen Lösemitteln, meist Methylenchlorid, als Kitt- und Dichtungsmittel für einzelne Teile, z. B. beim Mipolam und Igelit, Vinylpolymerisaten, die als Rohr- und Apparatematerial wegen ihrer hohen Festigkeit, Korrosionsbeständigkeit und Säureunempfindlichkeit verwandt werden, beim Plexigum und Plexiglas (Akrylsäureestern).

Das Streben nach Kunstharzherstellung ist nicht nur aus der Schwierigkeit der Beschaffung ausländischer Harze, in Deutschland haben wir außer dem Bernstein und dem Fichtenharz kaum welche, sondern aus dem Wunsche entstanden, für die Herstellung von Lacken und anderen Erzeugnissen Stoffe zur Verfügung zu haben, die neben einer besseren Homogenität und rückstandslosen Lösbarkeit auch gewisse andere Mängel der Naturharze vermeiden, z. B. hohen Säuregehalt, mangelhafte Lichtbeständigkeit, Unverträglichkeit mit Celluloseestern bei der Lackherstellung u. a. Zur Herstellung solcher Kunstharze hat man die verschiedensten Wege unter mehr oder weniger starker Mitbenutzung von Lösemitteln eingeschlagen, z. B. Kondensation von cyclischen Ketonen, wie Cyclohexanon, mittels alkalischer Kalilauge unter Druck und starker Erhitzung, oder auch von Cumaron, bei dessen Kondensation aus Schwerölen mittels Schwefelsäure Lösemittel vermieden werden können.

Ein anderer Weg ist die Bildung von Harzen durch Erhitzen von Phenolen und Formaldehyd, die außer zu Bakelit zu schellackartigen Produkten (Novolack, Albertolschellack) führen können; als Kondensationsmittel dienen Säuren, z. B. Weinsäure, Fettsäuren mit oder ohne Zusatz von Benzol, Tetrachlorkohlenstoff, Methanöl, Glycerin, Basen (Alkalien, Pyridin, Anilin u. a.) oder auch Kombinationen von Ölsäuren und Harzestern (Kolophonium), die die sog. Albertole und Amberole ergeben. An die Stelle von Phenolen können Kresole, an die Stelle von Formaldehyd können Hexamethylentetranin, Trioxymethylen u. a. treten, doch ist gewerbehygienisch damit nicht viel gewonnen. Polymerisationsprodukte sind auch die Polyvinylharze, deren Ausgangspunkt Essigsäurevinylester ist, der unter starker Bestrahlung und etwas Erwärmung gegebenenfalls unter Zusatz von Ölen, feste durchsichtige und geruchlose Polymerisationsprodukte ergibt, die gleich in Sprit, Aceton, Benzol, Butylacetat u. a. gelöst geliefert werden oder später, je nach dem Verwendungszweck, in anderen Lösemitteln gelöst werden (Vinnapas, Mowilith). Esterharze ergeben sich aus der Veresterung der Harzsäuren des Kolophoniums oder auch der Phthalsäure mit Glycerin. Phthalsäure, Glycerin und Ölsäuren sind auch die Grundlage für andere Kunstharze (Alkydale, Glyptale, Recyle), deren Lösung in Benzolkohlenwasserstoffen, Benzol-Alkoholgemisch, Alkydale auch in Benzinen oder seinen Mischungen mit Nitrocelluloselösungen leicht verträglich sind.

Zu den Kunststoffen zählen auch Hartpapiere und Hartgewebe. Hartpapier wird aus mehreren Lagen Papier, das mit einer alkoholischen Lösung eines härtbaren Phenol-Formaldehydkondensats getränkt ist, durch starkes Aufeinanderpressen unter Erhitzung hergestellt, wobei der Alkohol verdunstet und das Kondensat in den unschmelzbaren Zustand übergeht. Hartgewebe (Novotext, Harex, Trolitax), meist Gewebe mit Kunstharzlösung getränkt, werden in gleicher Weise durch Druck und Erwärmung unter einer gewissen Polymerisation gehärtet. Asbestgewebe, mit Phenolharzlösung getränkt und gepreßt, dient als Bremsbelag für Kraftwagen.

Kunstholz ist meist dünnes Sperrholz, mit Phenolharzlösung durchtränkt, in Blöcke gepreßt, aus denen z. B. Propeller geschnitten und gefräst werden, oder auch Holzmehl mit Celluloseestern zusammengepreßt, z. B. für Prothesen, die gebeizt und poliert werden können.

Kunsthorn (Galalith) aus Casein bedarf der Lösemittel zur Lösung des Caseins nicht, sondern nur sprit- oder benzingelöster Farben, die in Knetmaschinen oder Spindelstrangpressen in das gemahlene Casein eingemischt werden, und der Formaldehydlösung zum Härten der Masse.

Eine Kunstfaser für gleiche Zwecke wie Kunstseide wird aus dem Polymerisationsprodukt Polyvinylchlorid, das mit Lösemitteln in eine durch Düsen spritzbare Masse übergeführt wird, gewonnen, die sog. PC-Faser.

g) Lacke und andere Überzüge.

Celluloselacke, meist als Zaponlacke aus Filmabfällen, Amylacetat, Benzin, waren schon vor dem Kriege in Gebrauch, teils lediglich als Schutzüberzug für Silberwaren, Metallknöpfe u. ä., teils als Spritzlack zur Erzielung von Farbeffekten auf Zierknöpfen, Zellhornwaren u. a. Heute haben die Celluloseesterlacke die Öllacke auf vielen Gebieten verdrängt und werden es bei der Notwendigkeit, Leinöl, Holzöl, Naturharze zu sparen, in immer größerem Umfang tun, obwohl diese Öle, die an sich gute Löser für Naturharze sind, nicht in allen Fällen durch Mineralöle und andere, noch weniger erfreuliche Lösemittel ersetzt werden können, und auch die Naturharze ihre Vorzüge haben gegenüber den Kunstharzen, die nicht immer unter dem Gesichtspunkt guter und geruchfreier Lösbarkeit in unbedenklichen Lösemitteln hergestellt werden. Frisches Leinöl selbst ist gesundheitlich unbedenklich. Der auf Oxydation und Polymerisation beruhende Trockenvorgang kann zur Selbstentzündung führen, während die pflanzlichen Ersatzstoffe außer Perillaöl diese Eigenschaft nicht in demselben Maß haben, andererseits z. B. chinesisches Holzöl gelegentlich Hautekzeme verursacht. Bei allen Lacken ist sowohl hinsichtlich der Feuersgefahr wie der Gesundheitsgefährdung heute Vorsicht am Platze, zumal immer neue Stoffe und Mischungen auf den Markt kommen und Hersteller wie Verbraucher in der Geheimhaltung ihrer Rezepte einen wirtschaftlichen Vorteil sehen. Bei dem einfachen, grundlegenden Vorgang der Öllackherstellung, der Firnissiederei, d. h. bei dem Erhitzen von Lein- oder anderen trocknenden Ölen mit Katalysatoren, sog. Sikkativen, zur späteren schnelleren Trocknung, spielen die Lösemittel keine Rolle; nur vereinzelt werden als Sikkativ durch Zusammenschmelzen gewonnenes harzsaures oder leinölsaures Blei oder Mangan in Benzin, Terpentinöl oder Ersatzstoffen gelöst und kaltem Leinöl zugesetzt. Der Zusatz von Harzen zu Firnis und zu anderen Lacken dient der Erhöhung des „Körpers", wie der Lacktechniker sagt, zur besseren Haftung und zur Erhöhung von Härte und Glanz. Naturharze und Kunstharze sind dabei nicht wesentlich verschieden, dagegen weichen sie in der Lösbarkeit voneinander ab. Manche Harze sind nur in geschmolzenem Zustand lösbar. Kunstharze sind im allgemeinen leichter lösbar als Naturharze, weiche Naturharze, z. B. Kolophonium, Fichten- oder Kiefernharz, Kaurikopale, leichter als harte, z. B. Hartkopal, Bernstein, Schellack. Einige Lösemittel lösen Harze nur, wenn sie in geringen Mengen wirken; bei größeren Mengen Lösemittel, scheiden sich die Harze wieder aus, z. B. Manilakopal in Alkohol; manche Harze lösen sich feingepulvert weniger, als wenn sie in großen Brocken mit Lösemittel übergossen werden. Auch die spätere Verwendungsart des Lackes muß schon bei der Auswahl des Harzes und des Lösemittels berücksichtigt werden; das eine gibt größere Härte, das andere größere Lichtunempfindlichkeit, das dritte erhöht die Widerstandsfähigkeit gegen andere Lösemittel, z. B. gegen Kraftwagentreibstoffe. Wieder andere erhöhen die Streichfähigkeit oder begünstigen die leichtere Trocknung und werden deshalb der Harzlösung noch besonders zugesetzt, z. B. für fette Öllacke Terpentinöl, als besonderes Trocknungsmittel für Leinölfirnis, aber auch für andere Lacke, ölsaure Metalle, wie bei der Firnissiederei die Sikkative, z. B. naphthensaures Blei oder Mangan (Soligene der I.G.). Bei den mageren Öllacken tritt der Firnis zurück, und an seine Stelle treten sowohl für die Harzlösung wie zur Erzielung der geforderten Eigenschaften des Lackes Terpentinöl, Kienöl, ein Teerdestillat aus einheimischen Nadelholzstubben, und andere Holzteeröle, vereinzelt unter Zusatz anderer organischer Lösemittel, z. B. Benzol, für billigen Ölschleiflack Kien- und andere Holzteeröle, die in stärkerem Maß das ausländische Terpentinöl ersetzen müssen;

sie geben leichter Veranlassung zu Hautekzemen als Terpentinöl, während die übrigen Wirkungen, Reizung der Augen und der Atemwege, Benommenheit, Appetitlosigkeit, Schlafsucht, kaum eine Verschiedenheit zeigen. Frisches Terpentinöl ist allerdings günstiger als älteres.

Eine große Bedeutung hat unter dem Vierjahresplan der EL-Einheitslackfirnis gewonnen: er besteht aus 21% Leinöl (Standöl), 16% Alkyl (Phthalsäure)-Harz, 12% Harzester (mit Glycerin gehärtetes Harz), 50% Lackbenzin, 1% Sikkativ; er weist gute Eigenschaften auf, wie sie für Filmbildung, Trocknung, Härte und Elastizität gefordert werden, und kann gewerbehygienisch, wenn auch nicht als ganz harmlos, so doch als bei einiger Vorsicht durchaus brauchbar bezeichnet werden.

Spirituslacke sind Lösungen von Schellack und anderen Harzen in Spiritus ohne Öl und Firnis, selten unter Zusatz eines ölhaltigen Weichmachers. Der Spiritus muß hochprozentig sein, da sonst der Wassergehalt das Aussehen des Lackfilms beeinträchtigt; aus ähnlichem Grund scheiden auch Holzgeist und Pyridinbasen als Vergällungsmittel des Lackspiritus aus; es werden vielmehr 2% Benzol oder Toluol oder 1% Terpentin benutzt. Zur sorgfältigen Lösung aller Harzbestandteile und zur Regelung der für die Güte der Lackierung wesentlichen Verdunstungsgeschwindigkeit werden den Spirituslacken öfter Aceton, Amylalkohol, Amylacetat, den Spiritusmattlacken auch hochsiedendes Benzin zugesetzt, das sich bei der schnellen Verdunstung des Spiritus anreichert und das Harz zum Teil ausfällt, unnötigerweise aus ähnlichen Gründen auch unerwünschte gechlorte Kohlenwasserstoffe, z. B. Chlorbenzol. Die sog. flüchtigen Lacke, die Grundlacke für helle Emaillackfarben oder Schiffsfarben, haben als Harzgrundlage meist Kolophonium, seltener Dammar- oder Cumaronharz, als Lösemittel Benzol oder seine Derivate, oft unter Zusatz von Glycerin oder Phenol, zum Zweck der Harzveresterung.

Zur Herstellung von Asphalt- und anderen Bitumenlacken wird der Rohstoff zunächst umgeschmolzen zur Entfernung des Wassers und der flüchtigen Bestandteile, und dabei mit Kalk versetzt zur Neutralisierung des Säuregehalts. Als Lösemittel sind Benzin, Solventnaphtha und Benzolkohlenwasserstoffe in Gebrauch, gelegentlich unter Zusatz von Paradichlorbenzol. Neben Asphalt und Rohbitumen werden auch Kohlen- und Stearinpeche verwandt. Die gestrichenen oder getauchten Erzeugnisse, meist Eisenbauteile, Ofenbleche, Fahrradbleche u. ä., bedürfen einer Trocknung im Ofen, die bei fehlerhafter Anordnung der Feuerung, falschem Ausbau der Trockenkammer mit eisernem Fußbodenbelag, auf den Lacktropfen fallen, ungenügender Trennung des Abzugs der Dämpfe und der Feuerungsgase zu Verpuffungen, unter Umständen mit Zerstörung des Ofens und Bränden, Veranlassung geben können (vgl. Abb. 5).

Einen großen Umfang hat in den letzten 2 Jahrzehnten die Verwendung von Celluloseesterlacken angenommen, ganz überwiegend von Nitrocelluloselacken aus niedrigviscosen Cellulosen, in der üblichen Weise nitriert, durch mehrstündiges Erwärmen in schwach säurehaltigem Wasser stabilisiert und zuweilen durch Erhitzen in Autoklaven auf geringere

Viscosität gebracht, was für die Lackfabrikation von besonderer Bedeutung ist. Ihre Vorzüge sind die geringe Trockenzeit, die, abgesehen von der wirtschaftlichen Zeitersparnis, die Staubablagerung und -eintrocknung auf dem Lacküberzug und damit dessen Unansehnlichkeit verhütet, die geringe Zähflüssigkeit, die die Lacke für die Spritzarbeit geeignet macht, die große Widerstandsfähigkeit gegen Temperatureinflüsse, gegen mechanische und chemische Angriffe und gute Schleif- und Polierfähigkeit; die gewerbehygienischen Nachteile sind neben der hohen Feuersgefahr, die Vornahme schädliche Dämpfe entwickelnder Löse-, Misch- und Verdünnungsarbeiten, die Entwicklung schädlicher Dämpfe bei der Lackier- und Taucharbeit, in verstärktem Maß bei der Spritzarbeit, die infolge der Härte des Lackfilms körperlich schwerere und daher mit verstärkter Atmung und Einatmung von Staub und Dämpfen verbundene Schleifarbeit, die leichtere Verwendungsmöglichkeit von jungen Arbeiterinnen für die Spritzarbeit und vor allem der Mangel an Einheitlichkeit bei der Auswahl und Verwendung der Lösemittel, die durch den Gebrauch von Decknamen und durch Geheimhaltung der Verwendungsrezepte begünstigt wird. Die große Zahl der hergestellten und angebotenen Lösemittel hat natürlich eine wesentliche Ursache in den vielen Anforderungen, die an die Lösemittel und an die Lacke für die verschiedensten Zwecke gestellt werden und in der beschränkten Lösefähigkeit des einzelnen Lösemittels und Verschiedenheit der Nachwirkung des Lösemittels. Ein gutes Lösemittel für Nitrocellulose soll gesundheitlich unschädlich sein, es soll wasserfrei und nicht hygroskopisch, neutral, klar und farblos, chemisch beständig und von möglichst schwachem, jedenfalls nicht unangenehmen Geruch sein; es soll auch in beliebigen Mengen auf dem Markte und nicht teuer sein. Dazu kommen die besonderen Anforderungen für die Lackherstellung: Lösungsfähigkeit, Herbeiführung der geeigneten Viscosität, Verträglichkeit und gute Mischbarkeit mit Verdünnern und Weichmachern, mit Harzen und Farben, Isolierwiderstand, Härte, Haftbarkeit, Schleifbarkeit, Glanz, Trockenfähigkeit, Verwendbarkeit für die verschiedenen Anwendungswege, Passieren, Tauchen, Streichen, Spritzen. Je nach der Herkunft der Celluloseester, Nitrocellulose, Acetylcellulose, oder auch Celluloseäther können verschiedene Lösemittel erforderlich sein und ebenso je nach ihrer Viscosität. Aus alledem erklärt es sich auch, daß in den meisten Fällen zur Lackherstellung mehrere Lösemittel benutzt werden, teils um die Verdunstung zu regeln, z. B. zu schnelle Verdunstung zu vermeiden, die Abkühlung und Wasserkondensation auf dem Lacküberzug und damit Milchigwerden aber auch Sprünge und Risse im Überzug herbeiführen würde, teils zur Erzielung anderer Wirkungen, Elastizität, Glanz, Härte u. a.

Die farblosen Metallacke aus hochviskoser Kollodiumwolle und einem Lösemittelgemisch (Zaponlacke) müssen klar, säure- und schwefelfrei sein, um das Metall nicht zu verfärben und den Metallglanz zu wahren. Deshalb sieht man von dem gewöhnlichen Handelsbenzin und -benzol ab, die Schwefelverbindungen als Verunreinigungen enthalten können, ebenso von Methylacetat enthaltenden Lösemitteln. Die Auswahl der Lösemittel richtet sich nach den Forderungen an den Lacküberzug, ob er später keinen mechanischen Angriffen ausgesetzt ist, wie etwa ein silbernes Schaustück, oder ob etwa Beschlagteile, die später noch gestanzt, gebogen oder gebohrt werden, einen Lacküberzug erhalten, und dann nach der Anwendungsart, Streichen, Spritzen usw. Im ersteren Fall werden für einen Streichlack zu 3—5% hochviskoser Kollodiumwolle ungefähr 40 bis 50% Amyl- oder Butylacetat und 40 bis 50% 95proz. Sprit oder Reintoluol genommen, dessen schnelle Verdunstung durch Zusatz von Äthylglykol ausgeglichen wird. Im zweiten Fall werden zur Verbesserung der Dehnbarkeit Weichmachungsmittel, etwa Palatinole, zugesetzt. Steigen die Anforderungen weiter, z. B. daß beim Stanzen des Stückes der Lacküberzug nicht einreißt oder abblättert, daß für die Verwendung als Spritzlack eine größere Haftbarkeit gewährleistet ist, daß noch weitere Lackübergänge aufgetragen werden und gut haften müssen u. ä., so werden Verdünner, andere Weichmacher, gegebenenfalls Harzzusätze eine Rolle spielen. So werden z. B.[1] als Rezepte angegeben:

Abb. 5. Zerstörter Lacktrockenofen.

Ein Spritzlack:

4	Teile	trockene Kollodiumwolle
4	,,	Dammarharz
3	,,	Sipalin oder Palatinol
11	,,	Butylacetat
20	,,	Essigäther
10	,,	Äthylakohol
10	,,	Butanol
25	,,	Reinbenzol
15	,,	Toluol

Ein besonders elastischer Messinglack:

5	Teile	trockene Kollodiumwolle
11,3	,,	Essigäther
3	,,	gebleichter Schellack in Butanol
16,5	,,	Butylacetat
7,2	,,	Butanol
3,0	,,	Elemiharzlösung
26,3	,,	Toluol
22,0	,,	Benzol
5,7	,,	Dibuthylphthalat.

[1] Bianch-Weche, Celluloseesterlacke. S. 234.

Metallische Anstriche haben meist eine einfachere Zusammensetzung und sind fertig käuflich, z. B. Aluminiumbronzelacke oder Pantarol aus Cellulose, Kunstharz und Metallsalzen in höheren Fraktionen von Benzol, Toluol und Amylacetat gelöst, mit Flammpunkten über 21°.

Bunte, durchsichtige oder undurchsichtige Zaponlacke dienen vielfach zur Glühlampenfärbung, für Flaschenkapseln u. a. Als Farben finden meist sprit- oder benzinlösliche Teerfarben Anwendung. Zu Holzanstrichen werden farblose Zaponlacke kaum benutzt, höchstens zu Innenanstrichen von Möbeln, Musikinstrumenten u. dgl., um ein Arbeiten des Holzes bei Temperatur- und Feuchtigkeitswechsel der Luft nach Möglichkeit zu unterbinden. Im übrigen werden in der Möbelindustrie mit Harzlösungen versetzte, farbige Nitrocelluloseesterlacke in großem Umfang angewendet, und zwar sowohl zur Grundierung und Spachtelung wie als Schleiflack und zur Politur. Je nach dem Zweck wird natürlich der Harzzusatz, die Auswahl der Lösemittel und der Weichmachungsmittel verschieden sein, die Lösemittel wiederum verschieden für die Lösung der Kollodiumwolle und für die Lösung des Harzzusatzes. So finden sich z. B. in einem normalen Überzugslack: auf 100 Teile niedrigviscoser Kollodiumwolle, die mit 50 Teilen Sprit befeuchtet geliefert ist, 200 Teile Butylacetat, 150 Teile Butanol, 250 Teile Toluol und 20 Teile Dibutylphthalat als Weichmacher, dazu eine Harzlösung von 140 Teilen Dammarharz in 110 Teilen Sprit und 60 Teilen 90proz. Benzol; oder in einem Schleiflack: 9 Gewichtsteile niedrigviskose Kollodiumwolle, 9 Teile Butylacetat, 2 Teile Butanol, zu dieser Masse eine Harzlösung von 5 Teilen Dammar, 6 Teilen Alkohol-Benzol-Mischung, 1 Teil Schellack, 2 Teilen Butylacetat, 6 Teilen Benzin und entsprechenden Mengen Weichmacher und gegebenenfalls Farblösung oder Farbpulver.

An die Stelle der ausländischen Harze treten heute mehr und mehr Esterharze und andere, möglichst säurefreie und lichtbeständige Kunstharze.

Die höchsten Anforderungen stellen die Kraftwagendecklacke. Die verlangte mechanische Festigkeit des Lackfilms steigt mit der Viscosität der Cellulose, andererseits fordert die Spritzbarkeit niedrigviskose Cellulose, man muß also eine Kolloidiumwolle mittlerer Viscosität oder ein Gemisch beider Arten nehmen, die beide wieder verschiedene Lösemittel bedingen. Harzzusatz erhöht meist Härte und Glanz, verringert aber Reißfestigkeit und Reißdehnung, verbessert die Haftfestigkeit, verschlechtert die Licht- und Wärmebeständigkeit, die Harzlösung ist also von großer Bedeutung. Weichmachungsmittel begünstigen die Zügigkeit und den Verlauf des Lackes, bewirken aber Abnahme der Härte und Reißfestigkeit, ihr Zusatz ist notwendig, aber in ganz bestimmten Grenzen. Dazu kommt für Autolacke die Forderung der sog. Zaponechtheit, d. h. der Nichtbeeinflussung der Pigmente eines Überzugs durch die Lösemittel eines daruntersitzenden oder darübergesetzten anderen Überzugs oder aufgesetzter andersfarbiger Kanten, der Neutralität und schweren Verseifbarkeit der Lösemittel und besonders der Weichmacher, die in dem Lackfilm verbleiben, der Kältebeständigkeit, der chemischen Echtheit, d. h. des Fehlens gegenseitiger Einwirkung saurer und basischer Bestandteile, z. B. saurer Harzlösungen und basischer Pigmentlösungen und der Festigkeit gegenüber den Autotreibstoffen. Es ist erklärlich, daß es eine allen Forderungen gerechte Lösung nicht gibt, sondern Dutzende von Patenten, Rezepten, Versuchen. Es sei deshalb nur ein Beispiel der Zusammensetzung eines blauen Autodecklackes gegeben:

Kollodiumwolle hoher Viscosität	225 g	Butylacetat	1100 ccm
Kollodiumwolle niedriger Viscosität	1350 g	Butanol	1650 ccm
Dibutylphthalat	700 g	Toluol	2200 ccm
Dammar- oder Esterharzlösung	1650 g	Miloriblau	1250 g
Amylacetat oder Essigester	1100 g	Chromgrün	550 g
		Zinkoxyd	225 g

Als Lösemittel für Nitrocellulose zu Lackzwecken finden sich ferner von Ketonen: Cyclohexanon (Anon), Methylanon, von Estern: Cyclohexylacetat (Adronolacetat), die Lösemittel E 13 und E 14 der I. G., die offenbar einen hohen Gehalt Methylacetat haben, GB-Ester der Firma Alexander Wacker, Speziallösemittel der Hiag., verschiedene Äther, z. B. Äthyl-, Butylglykoläther, Drawin 28 der Alexander Wacker AG., Acetale, d. s. Aldehyd-Alkoholverbindungen (Dissolvan), für Lederlacke Butylglykol und verhältnismäßig große Mengen Toluol. Lacke auf der Grundlage von Acetylcellulose (Zellonlacke) werden vor allem da angewandt, wo die Sicherheit gegen Brandgefahr hoch bewertet wird, z. B. bei Flugzeuglacken, sie haben dabei aber auch noch andere Vorzüge, z. B. geringere Einwirkung des Sonnenlichts auf die überzogenen Stoffe, große Festigkeit gegenüber den Treibstoffen und Ölen, an anderen Stellen verdanken die Zellonlacke ihre Anwendung dem hohen Isolationswert. Beispiele zweier Zellonlacke sind folgende:

Celluloseacetat	7,7 Teile	Celluloseacetat	8 Teile
Aceton	49,4 „	Solaktol (Milchsäureäthylester)	9 „
Methyläthylketon	8,3 „	Aceton	45 „
Alkohol	11,6 „	Benzol	36 „
Benzol	12,3 „	Trikresylphosphat	1,8 „
Benzylalkohol	3,2 „		
Triphenylphosphat	2,8 „		
Pigment (z.B. Aluminium oder Zinkoxydpulver)	4,7 „		

Trotz mancher Vorzüge haben die Zellonlacke die Nitrolacke nicht verdrängen können, sie haften schlechter, sind spröder, weniger wetterfest und teurer. Als Lösemittel für Acetylcellulose zu Lackzwecken kommen neben Aceton und anderen harmlosen Stoffen auch eine Anzahl bedenklicherer in Betracht: Diäthylenoxyd (Dioxan), Methylformiat, Glykolacetat, Glycerintriacetat (Triacetin), Methylenchlorid, Dichlorhydrin. Das im Anfang des Flugzeugbaues stark benutzte Tetrachloräthan ist glücklicherweise fast verschwunden.

In geringerem Maße werden auch auf Celluloseäthergrundlage Lacke hergestellt, hier spielen Toluol und Xylol eine größere Rolle als Lösemittel. Methylcelluloselösungen finden zu den sog. Flakakapsellacken Anwendung, Benzylcelluloselacke, die sich durch gute Wasser- und Säurefestigkeit auszeichnen, im Flugzeugbau. Daß Lacke für Sonderzwecke, Mattlacke, Bronzelacke, sog. Eisblumenlacke u. a. auch ihre besonderen Anforderungen an die Lösemittel stellen, bedarf keiner Erörterung, sie verlangen aber keineswegs besonders schädliche Lösemittel. Lacke für Leder müssen natürlich besonders weich und elastisch sein, sie erhalten daher einen erheblichen Gehalt an Weichmachern, z. B. eine Grundierlösung mit 4% Dibutylphthalat, 11% Casterol (Rhicinusöl) und 1,2% Türkischrotöl, gelegentlich auch Zusätze von Kautschuklösungen, und werden in mehreren Schichten aufgestrichen oder aufgespritzt.

Zuweilen werden auch für die Lackherstellung zur Lösung von Nitro- oder Acetylcellulose Gemische von Nicht- oder Schlechtlösern mit guter Wirkung verwendet, Alkohol-Äther, Alkohol-Benzol, Benzin-Glykoläther, Cyclohexanon-Metanol oder Butanol, seltener Dreifachgemische wie Benzol-Alkohol-Glykoläther.

Die Verdünner für Celluloseesterlacke sind im wesentlichen keine anderen Stoffe als die Löser: Sprit, Butylalkohol, Benzin, Benzol, Isobutylalkohol, Solventnaphtha. Da sie aber bei Lacken oft in einem erheblichen Gehaltsanteil auftreten, dürfen sie nicht unbeachtet bleiben. An Weichmachungsmitteln haben außer den bereits genannten Dibutylphthalat, Trikresylphosphat, Triacetin, noch andere Phthalsäureester (Palatinole), Harnstoffpräparate (Mollite), Verbindungen der Toluolsulfosäure (Plastol, Plastomoll, Dikresylin) und Sondererzeugnisse der I. G. (Mannol, Clophen), der Dr. Alexander Wacker G. m. b. H. (Rea) eine gewisse Bedeutung gewonnen.

Für die für farbige Lacke benötigten Farben kommen entweder in Betracht körperliche Pigmentfarben, meist anorganischer Natur, deren Lösungsfähigkeit in organischen Lösemitteln unerwünscht ist, oder organische Farbstoffe, für deren Lösung gesundheitsgefährliche Lösemittel selten benötigt werden, neben Sprit, Butanol, höchstens Anon, Benzylalkohol, Glykoläther oder einzelne Ketone; nur Indigofarbstoffe sind weder in Alkohol oder Äther noch in Wasser löslich, man löst sie in Terpentin, Phenol, Chloroform oder Schwefelsäure.

Überzüge mit Harz- oder Öllösungen haben oft nicht die Oberflächenverschönerung zum Ziel, sondern sie sollen z. B. Isolationszwecken in der Elektrotechnik dienen, z. B. Acetylcellulose, in Aceton gelöst mit Weichmachern, die sich durch hohe Dielektrizitätskonstanten auszeichnen, oder sie sollen abdichten, Anfressungen verhindern u. a.; dazu werden naturgemäß gröbere Stoffe und stärkere Konzentrationen benutzt und dickere Schichten aufgetragen, so daß auch die Gesundheitsgefährdung größer ist, besonders wenn in engen Räumen, Schiffskörpern, Behältern gearbeitet wird; so haben z. B. der sog. E-Stoff zum Abdichten von Wasserbehältern durch seinen Trigehalt, Inertol durch Benzol- und Toluolgehalt zu Erkrankungen Veranlassung gegeben. Ähnliche Stoffe sind z. B. Lithurin, eine Lösung von Paraffin oder Erdwachs in Trichloräthylen, Glutolin, eine Lösung von Methylcellulose in organischen Lösemitteln. Die üblichen Nitrolacke erhalten zum Rostschutz oft Zusätze von unbedenklichen Alkydkunstharzlösungen, besonders im Eisenbahnwagen- und Kraftwagenbau. Solche Lösungen können aber auch recht bedenkliche Stoffe enthalten, z. B. das in Abdichtungen für Aluminiumkonstruktionen oft verwendete Äthylentrichlorid. Die Verschiedenheit der Gesundheitsgefährdung durch die Anwendungsarten der Lacklösungen ergibt sich aus folgender Betrachtung. Die Gesundheitsgefährdung wird am geringsten sein bei dem sog. Passier- oder Abstreifverfahren, das z. B. für Bleistifte angewandt wird, obwohl hier fast ausschließlich niedrigsiedende Lösemittel angewandt werden. Man kann aber die Apparatur so umschließen und die Absaugung so anschließen, daß ein Austritt von Lösemitteldämpfen in den Atembereich des bedienenden Arbeiters fast vermieden werden kann. Beim selten vorkommenden Aufstreichen des Nitrolackes von Hand oder mit Maschine wird die jeweils verdunstende Menge der Lösemittel nicht groß sein, zumal meist ein Gemisch von niedrig-, mittel- und hochsiedenden Lösemitteln vorliegt und das Arbeitsgefäß des Anstreichers keine große Verdunstungsoberfläche bietet, noch weniger das geschlossene Gefäß der Maschine. Auch wird bei der langsam vor sich gehenden Handarbeit die in der Zeiteinheit verdunstende Menge nicht groß sein. Wenn auch hier meist keine Absaugung vorhanden ist, hat es doch der Arbeiter nicht schwer, sich ausreichend zu schützen, ebenso an der Streichmaschine. Auf die besondere Gefahr der Streicharbeiten in engen Räumen, Behältern u. a. ist oben hingewiesen. Beim Tauchen von Waren in Lacklösungen, wobei meist ein Gemisch von größeren Mengen niedrigsiedender und geringeren Mengen hochsiedender Lösemittel benutzt wird, wird infolge der größeren Oberfläche und Masse der Lösung, Hin- und Herschwenkens des Tauchguts, oft auch des Trocknens des Tauchguts in unmittelbarer Nähe der Arbeitsstelle die Gesundheitsgefährdung größer sein als beim Streichen, doch ist hier die Möglichkeit einer Absaugung der Lösemitteldämpfe am Rande des Tauchbottichs oder über ihm fast immer gegeben, auch bei sperrigem Tauchgut, wo sie entsprechend verschiebbar eingerichtet sein muß. Am größten ist die Gesundheitsgefährdung beim Spritzen der Lacklösung, weil hierbei infolge der Wucht des Preßstrahls feinste Tröpfchen und Pigmentsplitter abprallen und in den Atembereich des Spritzers, oft einer Spritzerin, gelangen, weil sich durch die Abkühlung beim Austritt des Preßstrahls aus der Düse Nebel bilden, die in die Atemluft übergehen, und weil auch die mit Spritztröpfchen besäten Wandungen der Spritzkammer dauernd Lösemitteldämpfe abgeben. Absaugung ist also hier unbedingt geboten, auch da, wo wegen der Sperrigkeit des Arbeitsguts, Eisenbahnwagen, Kraftwagen, Flugzeuge, eigentliche Spritzkammern nicht angelegt werden.

Ein Sondergebiet der Lösungen von Lacken und Farben in organischen Lösemitteln sind die Druckfarben im graphischen Gewerbe. Während für den gewöhnlichen Buch- und Steindruck Farblösungen in Leinöl u. ä., für den Zeitungsdruck Farblösungen in billigen Harzölen oder Lösungen von Kunstharzen, z. B. Cumaron in Terpentinersatz, Petroleum u. dgl., benutzt werden, genügen solche für den Tiefdruck nicht, weil die Farblösung in die vertiefte Zeichnung der Druckwalze leicht einfließen, sich sauber abstreichen lassen muß, leicht aufsaugbar sein und in kurzer Zeit trocknen soll. Es werden deshalb Lösungen besonderer Tiefdruckfarben in Xylol, Toluol, Benzol, seltener in Trichloräthylen, oft mit Beimischungen anderer Lösemittel, immer aber mit Verdünnung durch ähnliche Stoffe benutzt, und zwar in erheblichen Mengen, da es sich im Tiefdruck fast immer um große Auflagen und schnellen Ablauf des Papiers (illustrierte Zeitschriften, Werbeschriften) handelt. Eine normale Tiefdruckfarblösung besteht neben dem Pigment aus etwa 50% Harz und 50% Lösemittel, das etwa ein Benzin-Xylol-Gemisch 1 : 2 ist. Die von Zeit zu Zeit nachzufüllende und zu verdünnende Farblösung wird aus einem Trog mittels einer Gummi- oder Massewalze auf die umlaufende kupferne Druckwalze übertragen, in deren vertiefte Zeichnung sie einläuft. Nach sorgfältigem Abstreifen der überstehenden Farbe durch ein Messer, die sog. Rackel, saugt sich die Farbe in das über die Druckwalze laufende Papier und gibt dann, je nach der Tiefe der einzelnen Zeichnungsteile, die verschiedenen Farbtöne. Die notwendige schnelle Trocknung des Drucks, d. h. die Verdunstung der Löse- und Verdünnungsmittel, wird durch Aufblasen warmer und kalter Luft oder durch Laufen des Papiers über geheizte Walzen gefördert. Lösemitteldämpfe treten daher auf an dem Farbtrog, an der Rackel, an der Druckstelle und an dem ablaufenden Papier, so daß die Absaugung sich bei der Verwickeltheit der Maschine durch die durchlaufende Papierbahn und zahlreiche Führungswalzen recht umständlich gestaltet und nie vollkommen sein wird. Versuche, die schädlichen Löse- und Verdünnungsmittel durch Wasser-, Sprit-, Benzin- oder Glykolesterlösungen oder weniger gefährliche Emulsionen zu ersetzen, haben noch zu keinem vollen Erfolg geführt, da die Wasserfarben verwischbar sind, andere zu langsam trocknen oder nicht die erwünschte Tonung des Bildes geben oder zu teuer sind.

Ein ähnliches Druckverfahren wird im Zeugdruck angewandt, doch können hier ungefährliche Farblösungen benutzt werden, da die Farben noch gebeizt werden — oft allerdings mit unerfreulichen Formaldehydverbindungen — und langsamer trocknen können. Lösemittel spielen im Zeugdruck nur eine Rolle bei dem sog. indirekten Druck mit Reserven, d. h. mit Schutzauflagen auf den nicht zu färbenden Stellen. Solche Reserven sind plastische Massen, die aus Tonerde, Wachs, Harz und Terpentinöl oder Terpentinersatz angerührt, aufgedruckt und nach dem Färben der übrigen Fläche mit Benzin oder anderen Lösemitteln entfernt werden.

Für andere Druckverfahren der Textil- und graphischen Industrie genügen oft Öl- und Farbemulsionen, wobei gelegentlich auch organische Lösemitteln mitwirken, außer den sonst gebräuchlichen, z. B. ein sonst wenig angewandtes, Cethylalkohol, auch Äthal genannt, und seine Ester, z. B. Palmitinsäurecethylester.

Zum Bedrucken von Leder bei Bucheinbänden u. ä. dienen oft Folien aus Zaponlack und Aluminiumbronze.

h) Organische Lösemittel in Schmier- und Wichsmitteln, in Tränkstoffen, in Kleb- und Steifmitteln.

Die Lösungen von Cellulose, Harzen, Ölen, in organischen Lösemitteln, können neben der Bildung von harten Überzügen auf den verschiedensten Körpern auch noch andere Funktionen ausüben, teils sollen sie der Oberfläche der Körper eine gewisse Weiche geben, teils sollen sie tiefer eindringen und dem Körper eine gewisse Steifigkeit oder Härte geben, teils sollen sie durch Anhaften und Erhärten einzelne Teile verbinden, oder sie sollen dem Körper eine gewisse Wetter- und Wasserfestigkeit verleihen. Zum Bohnern von Fußböden beispielsweise dienen Lösungen von Ceresin-Paraffin mit geringen Zusätzen von Harz, Montanwachs, Karnaubawachs in Terpentinöl oder Terpentinersatzstoffen (Dipenten, Terapin), Tetralin, Sangajol, gechlorten Kohlenwasserstoffen. Weniger gesundheitlich bedenklich, aber in ihrer Wirkung schlechter, sind stark flüssige Bohnermassen, in denen die Wachskörper mit Hilfe von Alkalien emulgiert und durch ganz geringe Mengen Terpentin und Paraffin verbessert sind. Wachsersatzstoffe und Wachsemulsionen für ähnliche Zwecke oder auch für die Textilindustrie enthalten oft Triäthanolamin als wesentlichen Bestandteil. In den Schmier- und Wichsmitteln für Schuhwerk finden sich Lösungen von Karnaubawachs in Terpentinöl oder Terpentinersatz, Trichloräthylen, Anilin, Orthotoluidin, Schwefelkohlenstoff, Nitrobenzol unter Zusatz von Ruß usw. Wenn man sich auch in der Hauswirtschaft damit abfinden kann, da sie nur kurze Zeit am Tage benutzt werden, so sollte man ihnen in Hotels und in der Schuhindustrie doch größere Beachtung schenken. Alle diese Mittel verdienen auch besondere Beachtung, da aus wirtschaftlichen Gründen die Verwendung von Lösemitteln, die mehr als 60% Terpentin enthalten für die Leder- und Schuhpflegemittel verboten ist, während die Verwendung von Terpentinöl bei der Herstellung von Möbel- und Fußbodenpflegemitteln zugelassen ist.

Die in der Metallindustrie gebräuchlichen Schmier- und Bohröle seien hier deshalb erwähnt, weil sie die gleichen Stoffe darstellen wie die Lösemittel und dieselben Gefahren mit sich bringen, so z. B. ein Bohröl, das zu 75% aus Mineralöl bestand, davon 95% über 300° siedend, 4% ungesättigten Verbindungen, 15% aromatischen Kohlenwasserstoffen, und zu Ekzemen Veranlassung gab.

Bohrölersatzmittel bestehen beispielsweise aus 80 Teilen Sulfitlauge, 5 Teilen Ätzkalilauge und 15 Teilen aromatischer Kohlenwasserstoffe, die durch Zusatz von Sprit oder Amylalkohol wasserlöslicher gemacht sind; sie geben infolge ihres Alkaligehalts in höherem Maße zu Ekzemen Veranlassung. Schmieröl für Sauerstoffarmaturen sind neuerdings hochmolekulare Verbindungen, die aus der Autokondensation mehrwertiger Alkohole entstanden sind und einen Flammpunkt haben, der wesentlich höher als bei Glycerin liegt.

Als Kleb- und Kittmittel kann für viele Fälle wasserlösliche Cellulose, z. B. Methylcellulose oder eine einfache Celluloselösung in Aceton, verwandt werden, z. B. Glutofix aus Methylcellulose, Cellonklebefolien u. ä., sie sind unter Decknamen auch im Haushalt in Gebrauch. Neuerdings geht man mehr zu Phenol- oder Harnstoff-Formaldehyden über, die teils durch Erwärmung, teils durch Lösung gebrauchsfertig werden, insbesondere für Verleimungszwecke, z. B. Kauritleim, ein Harnstoff-Kunstharz, Tegofilm, ein Phenol-Kunstharz zum Verkleben von Sperrholz und Furnieren, Mowilith (Polyvinylacetat) u. a. Auch Kautschuklösungen finden für Klebzwecke Anwendung wegen des langsameren Trocknens und damit besseren Haftens, meist in Trichloräthylen; so wird in der Schuhindustrie ein Klebmittel für leichte Damenschuhe zur Verbindung des Stoffoberteils mit der Sohle angegeben: 12% Kautschuk, 88% Lösemittel, darunter $^3/_4$ Trichloräthylen, $^1/_4$ Benzin, und geringe Mengen aromatischer Kohlenwasserstoffe. Ein anderes in der Schuhindustrie verarbeitetes Klebemittel ist Cohäsan aus gelatinierter Kollodiumwolle, ferner der Agokitt, eine Lösung von Zellhorn in Aceton, oder auch Lösungen von Zellhornabfällen in Lösemittelgemischen von Methyl-, Äthylacetat, Aceton, Methanol u. a. Als Klebemittel für künstliche Schleifscheiben dienen Kunstharze, z. B. Glyphtal, ein Glycerin-Phthalsäureester, oder Kondensite, ein Phenol-Formaldehydprodukt der Bakelite G. m. b. H., u. a., die, pulvrig oder in Lösung, mit dem Schleifmittel in Mischern innig gemischt werden. Ein anderes Klebemittel, zu dessen Herstellung Lösemittel dienen, ist das sog. englische Pflaster; Hausenblase (Fischschwimmblase) wird in Alkohol oder einem anderen Lösemittel gelöst, die Lösung auf ein Gewebe aufgetragen. Andere Klebpflaster sind Gewebe mit Dammar- oder Mastixharzlösungen. Als Marineleim bekannt ist eine Lösung von Kautschuk und Harzen in Teerölen und etwas Benzol, mit Kalk versetzt. Schließlich sei noch auf die gute Wirkung der Kitte für Ledertreibriemen hingewiesen, für die als Beispiel folgende Zusammensetzung angegeben sei[1]: 20 Teile Filmabfall, 15 Teile Mannol-Weichmacher, 50 Teile E 13 der I. G., 10 Teile Essigäther, 5 Teile Butylacetat. Nicht nur, wie oben erwähnt, als Klebstoff für verschiedene Zwecke, sondern auch für Schlicht- und Appreturzwecke, dienen neuerdings auch Celluloseäther, die in Wasser nicht quellbar sind, meist in Lösungen; sie zeichnen sich durch chemische Beständigkeit aus.

Die Schuhindustrie verwendet Lösungen organischer Lösemittel sowohl als Lacke und Klebestoffe wie auch zu Versteifungszwecken für die Spitzen- und Hackenkappe. Die Kappensteifen, Gewebe, die mit Nitro- oder seltener mit Acetylcelluloselösung durchtränkt und überzogen sind (Dermaplast), werden meist fertig bezogen und vor der Verwendung wieder erweicht durch Einwirkung von Lösemitteldämpfen in besonderen Dunstkästen oder durch Eintauchen in Lösungsmittel wie Methylacetat, E 13 und E 14 der I. G., Speziallösemittel Metal der Alexander Wacker G. m. b. H. Versteifungsmittel spielen auch im übrigen Bekleidungs-

[1] Bianchi-Weche, Die Celluloseesterlacke, S. 269.

gewerbe eine Rolle. In der Wollhutindustrie erhalten die Hutstumpen, nachdem Fett-, Öl- und Teerreste durch Lösemittel entfernt sind, eine Versteifung durch eine Schellack-Spirituslösung, wobei heute der Schellack meist durch Kunstharze oder lösbare Polymerisations- oder Kondensationsmassen ersetzt wird. Die durch harte Arbeit oft mit Schwielen und Rissen an den Händen behafteten Stumpenzieher, Stoßer, Former neigen daher leicht zu Ekzemen. Auch Strohhüte, Schleier, Hut- und Ansteckblumen werden vielfach in ähnlicher Weise versteift. Neue Verfahren (Trübenisverfahren, Elskolierung), der Leibwäsche eine Steifigkeit zu verleihen, die sie auch bei der Naßwäsche nicht verliert, beruhen darauf, daß entweder in eine eingewebte Stoffeinlage zwischen Ober- und Untergewebe ein Acetatkunstfaden eingewebt wird, der sich unter Mitwirkung von Wärme und Druck in einem Lösemittel (meist 75% Aceton- und 25% Methyl-Äthylalkoholgemisch) auflöst und die anderen ihm benachbarten Fäden verklebt, oder daß eine Acetatcelluloselösung auf das Gewebe gestrichen, mit einer wässerigen Alkohollösung angefeuchtet und heißgepreßt wird. Bei einem dritten Verfahren wird die Wäsche in eine Lösung aus Äthylenglykolmonomethyläther (Methylcellusolve) und Äthylalkohol mit geringen Mengen Methylalkohol, Äthylacetat und Naphtha (Solox) getaucht und zwischen Walzen getrocknet und gepreßt. Nicht zu verwechseln damit ist die sog. Gummiwäsche, die einen leichten Überzug aus Gummilösung oder Celluloselösung erhält.

Versteifungszwecken dient auch das aus gelöster Kollodiumwolle bestehende Tauchbad, in dem die Beleuchtungsglühstrümpfe nach der Tränkung mit cerhaltiger Thoriumnitratlösung und Behandlung mit Pyridin oder Ammoniak gehärtet werden, während für die Fabrikation des Glühdrahts elektrischer Lampen das Wolfram- oder Molybdänpulver mit Lösemitteln angeteigt, zwischen Walzen gemischt und aus feinen Düsen ausgespritzt wird. Tränkung von Holz in Lösemitteln oder in Lösungen von Cellulosederivaten oder Harzen soll Einflüssen von Wind und Wetter entgegenarbeiten, so werden Holzpropeller der Flugzeuge zuweilen mit Acethylcelluloselösung unter starkem Druck imprägniert, oder auch Feuereinwirkungen hemmen, z. B. Tränkung mit Chlormethyl und anderen Chlorkohlenwasserstoffen.

In der Papierindustrie dienen Harzlösungen zum Härten von Papieren oder Pappen zur Erhöhung der mechanischen Festigkeit und Wasser- oder Tintenfestigkeit oder z. B. gelöste Wachse zur Appretur von Durchschreibpapieren.

Zur Tränkung von Leder zwecks Konservierung, Wasserdichthaltung und Weichhaltung dienen Lederöle, z. B. Kollonit, Gilysches Öl, Trocalin, Grobin, Avirol u. a., die im wesentlichen aus Klauenöl, Pflanzenöl, Paraffin, oxydiertem Tran u. ä. in Mineralölen, Benzin mit Zusätzen von Benzaldehyd, Nitrobenzol oder auch in Celluloselacklösungen bestehen.

Die wasserdichte Imprägnierung schwerer Stoffe (Plane, Rucksäcke u. ä.) geschieht oft durch Tonerdetränkung und darauffolgender Tränkung mit einer Montanwachs-Harz-Lösung, oder auch mit stearin- oder palmitinsaurem Aluminium oder Aluminium-Ricinoleat, das in gequollenem und in Benzin frei verriebenem Zustand verarbeitet wird.

i) Lösemittel in der Medizin, Pharmazie und Entwesung.

Wenn Lösemittel bei der gewerblichen Anwendung in größeren Mengen feuer- und gesundheitsgefährlich sein können, so werden auch bei ihrer Anwendung in der Medizin, die nicht unbedeutend ist, die Gefahren nicht ausbleiben, wenn natürlich auch nur kleine Dosen und größere Reinheit der Lösemittel vorliegen. Äther- und Narcylen- (gereinigtes Acetylen in Aceton) Brände und Verpuffungen sind in Operationssälen vorgekommen, wobei die elektrische Aufladung des auf einer Gummiunterlage liegenden Patienten und der auf gut isolierendem Fußbodenbelag stehenden und in trockener warmer Luft hantierenden Operateure und Hilfspersonen oder des auf Gummirollen laufenden Gerätewagens mitgewirkt haben mag. Ekzeme oder vorübergehende Angriffe auf innere Organe müssen in Kauf genommen werden, wenn wichtigere, symptomatische oder heilende Erfolge erzielt werden sollen. Wenn auch der kausale chemische Zusammenhang zwischen Konstitution und Wirkung der Lösemittel nicht immer klar liegt, werden doch verschiedene Lösemittel oder Lösungen organischer Stoffe in ihnen vielfach teils unmittelbar in der Medizin benutzt, teils müssen sie apothekenmäßig oder in der pharmazeutischen Industrie zur Herstellung von Arzneien, Heilmitteln oder Hilfsmitteln benutzt werden. Vom einfachsten Hilfsmittel, Pflaster, Gipsbinden und äußerlichen Mitteln, Alkoholen, Salben und einfachen chemotherapeutischen Mitteln, z. B. Salol (Salicylsäurephenylester), Urotropin (Hexamethylentetramin), Benzolen, Perchloräthylen als Mittel gegen Würmer u. a., bis zu hochwertigen Erzeugnissen und Aufgaben der pharmazeutischen Industrie, z. B. bei der Synthese des Thymols, des Atophans oder des Salvarsans, zur Extraktion des Eigelbs bei der Lecithinherstellung, zur Hormongewinnung aus Harn oder synthetischen Stoffen mittels Methylalkohol, bei der Zubereitung des Chlorylens (Trichloräthylen) als Heilmittel für Trigeminusneuralgie u. ä. spielen Lösemittel eine Rolle, nicht minder sind Lösemittel Ausgangspunkte, Hilfsmittel oder fertige Handelsprodukte der pharmazeutischen oder kosmetischen Industrie, als Flüssigkeit oder mit Füllstoffen als Paste oder mit anderen Verbindungen als fester Körper, z. B. für Hautcreme und Heilsalben, Haarwasser, Zahnwasser, Riechmittel oder Geruchverdeckungsmittel, Inhalationszusätze, Abführ- oder Verstopfungsmittel, Süßstoff, Kollodium- oder Mastixlösungen für Wundbegrenzungs- und Bedeckungsmittel usw.

Zur Entwesung werden Lösungsmittel neuerdings in erheblichem Umfang herangezogen, weil sie schnell und vollständig verdunsten, weil sie bakterientötend wirken, teils weil sie und ihre Dämpfe Metalle und Gewebe weniger angreifen als das früher viel gebrauchte Schwefeldioxyd, und auch für die Menschen nicht so schädlich und leichter merkbar sind als etwa Blausäure. Dabei wirken viele Lösemittel oder die in ihnen gelösten Stoffe nicht nur entwesend, d. h. keim- und bakterientötend, sondern auch Ungeziefer und größere Lebewesen tötend, die Entwicklung von Pflanzenschädlingen oder schädlichen Pflanzen hemmend oder auch Pflanzen durch Geruchbeeinflussung schützend. Allerdings werden auch sehr unerfreuliche Stoffe verwendet, z. B. Schwefelkohlenstoff, oft unter Decknamen wie Verminal, Salforkose, ferner Tetrachlorkohlenstoff allein oder in Mischung mit Essigsäureester, z. B. das Ameisenvertilgungsmittel Cyronal, Äthylenoxyd, Äthylenchlorid, Hexachloräthan, Paradichlorbenzol (unter Decknamen wie Globol). Schwefelkohlenstoff wird auch benutzt, um Grünfutter in Schachtbauten (Silos) genießbar zu erhalten, in dem man ihn in porösen Tonkrügen einführt. Zur Holzentwesung und gleichzeitig gegen Wettereinflüsse dient eine Tränkung mit Lösung von Dinitrophenol oder Kresol, die auch gegen Bodenschädlinge verwandt werden. Andere Holzentwesungsmittel sind unter Decknamen im Handel und enthalten oft neben Fluorverbindungen Trichloräthylen, Propylendichlorid u. a. Das heute zur Entwesung von Mühlen, Schiffen u. a. sehr verbreitete Cyklon A ist ein Gemisch von Cyanameisensäuremethyl- und äthylester mit etwa 10% Chlorameisensäureester als Reiz- und Warnstoff. Andere solche Warnstoffe sind Trichlornitromethan (Chlorpikrin), Chloraceton u. a. Mirbanöl war als Warnstoff in einem Entwesungsmittel enthalten, das neben Harzseifen und Giftstoffen Formaldehyd, Sprit, Trichloräthylen und Petroleum enthielt. Trichloräthylen dient oft zur Entlausung von Tierhäuten, Pelzen u. a. Auch einfache Kohlenwasserstoffe verschiedener Art und Mischung sind unter den Entwesungsmitteln vertreten, Benzol, Petroleum, Naphthalin, Shell-Präparate, das im Haushalt viel benutzte Mottenmittel Flit u. a.

Neben der allgemeinen Gesundheitsgefährdung bei der Verwendung haben manche Entwesungsmittel den Nachteil, daß sie von Geweben und Baustoffen stark adsorbiert werden und erst ganz allmählich wieder verdunsten, andere sind besonders feuergefährlich oder als Dampfluftgemisch explosibel, z. B. Äthylenoxyd und das zur Mühlenentwesung gebrauchte Areginal, wahrscheinlich Äthyl-Methylformiate, Schwefelkohlenstoff. Zu der Gesundheitsgefährdung und Feuersgefahr kann ferner die Möglichkeit der Schädigung von Einrichtungsgegenständen, von Waren und Lebensmitteln treten. Die Entwesungsmittel werden je nach ihrer Zusammensetzung und dem Verwendungszweck als Flüssigkeit, Dampf, Nebel, Staub versickert, verstrichen, verspritzt, verdunstet.

k) Lösemittel als Träger anderer Stoffe und besonderer Eigenschaften.

Eine eigenartige Verwendung finden Lösemittel bei der Gewinnung des Fischsilbers — im wesentlichen Guanin — aus den Fischschuppen; es wird von den Eiweißkörpern durch Ammoniak und Saponin getrennt und sammelt sich dabei im Schaum. Durch Zusatz von Zapon- oder Zellonlack, seltener von Aceton und Tetrachlorkohlenstoff, gelegentlich auch von Tetrachloräthan, als Suspensionsmittel und Amylacetat als Stabilisator und zur Geruchverbesserung wird die handelsübliche Fischsilberpaste gewonnen, die ungefähr 30% Guanin und 70% Nitro- oder Acetylcellulose enthält. Diese Paste wird als Überzug künstlicher Perlen aus Glas, Wachs oder Email, zur Herstellung unechter Perlmutter oder zur Färbung von Zellhornwaren benutzt.

Viel gebraucht wird Aceton als Träger für Acetylen. Aceton hat die Fähigkeit, auf 1 Volumenteil 100 Teile Acetylengas aufzunehmen und bei Druckminderung wieder abzugeben, das sog. Dissousgas. Man füllt die üblichen 40-l-Stahlflaschen mit porösen Massen (Kieselgur, Bimskies, Asbest, Kork, Ledermehl u. a.), drückt 5—6 kg Aceton mittels Stickstoff in die Masse und darauf Acetylen unter 15 kg/qcm. Beim Öffnen der Flasche entweicht das Acetylen und etwas Aceton, während der Hauptteil des Acetons durch die Capillarkraft der Masse zurückbehalten wird, so daß vor jedesmaliger Wiederbenutzung der Flasche zur Acetylenfüllung etwa 100 g Aceton eingedrückt werden müssen.

Auf die Verwendung von Lösemitteln als Geruchträger ist bereits hingewiesen worden, als solche dienen sie aber nicht nur in Lacken und anderen gewerblich verwendeten Stoffen, sondern auch in Genußmitteln, z. B. Bonbons, Weinessig, Fruchtessenzen, Parfüms, Seifen, z. B. neben dem früher genannten Äthylacetat, Benzylacetat, Glykole.

Unklar und umstritten ist die Rolle, die Lösemittel als Beimischung zu Schmelzbegünstigungsmittel für keramische und metallische Stoffe spielen, um so mehr, als sie, sofern nicht glühendes Eisen als Katalysator zugegen ist, unzersetzt entweichen; so sind in den Abgasen eines Aluminiumschmelzschnittes Tetrachlorkohlenstoff und Hexachloräthan festgestellt worden. Auch in der Stahlgießerei wird die Verwendung von Tetrachlorkohlenstoff gelegentlich beobachtet.

Als starker Träger von Chlor wird Tetrachlorkohlenstoff, in geringerem Maß auch Chlormethyl, als Feuerlöschmittel in Handfeuerlöschern verwendet, wie man sie vielfach in Kraftwagen findet. Die Gefahr, daß Tetra sich an glühenden Eisenteilen zersetzt und Phosgen entwickelt, liegt zwar vor, Phosgenbildung ist auch beim Löschen von Spiritus- und von Holzfeuer mit Tetra beobachtet worden, sie ist aber deshalb nicht besonders groß, weil Phosgen im Feuer sehr schnell wieder zerfällt, bei 500° schon zu 60%, bei 600° zu 90%. Vorsicht, insbesondere Beachtung der Windrichtung und Wahrung größtmöglicher Entfernung ist natürlich auf alle Fälle geboten. Einzelne Feuerlöscher enthalten zur Verhütung der Bildung von Phosgen Methyl- oder andere niedrigsiedende Amine.

Gelegentlich dienen Lösemittel oder ihre Derivate, z. B. Schwefelkohlenstoff, Thiophosphorsäureester, Xanthogenate, bei der Aufbereitung sulfidischer Erze als Flotationsmittel, die von einzelnen Bestandteilen der Erztrübe adsorbiert werden, diese wasserabstoßend machen und dadurch eine Trennung von wassergierigen Bestandteilen ermöglichen.

Als Frostschutzmittel werden Lösemittel selten verwandt, z. B. Äthylenglykol für Kühlwasser der Kraftwagenmotoren (Glysantin der

I. G.) oder bei der Herstellung ungefrierbarer Sprengstoffe oder als Schmiermittel. Bedenklich erscheint die aus Amerika bekannte Verwendung von Diäthylenglykol als hygroskopisches Mittel in Zigaretten.

6. Die Wiedergewinnung der Lösemittel.

Die Wiedergewinnung verwendeter Lösemittel aus ihren Dämpfen, die neben dem wirtschaftlichen Vorteil auch den gesundheitlichen der Absaugung der Lösungsdämpfe von der Verwendungs- und Arbeitsstelle hat, ist von jeher oder doch seit Jahrzehnten üblich in der Sprengstoffindustrie, bei der Filmherstellung, bei der Fabrikation von Acetatkunstseide, in der chemischen Wäscherei und auch bei der Ölextraktion, in letzter Zeit hat sie auch Eingang gefunden in der Tiefdruckerei. Noch keinen Erfolg hat sie in der Lackspritzerei gehabt; es mag dies seinen Grund darin haben, daß hier meist die stärkste Absaugung und daher die verhältnismäßig stärkste Luftbeimischung zu den Lösemitteldämpfen stattfindet, so daß eine große Luftmenge ungenützt den Wiedergewinnungsprozeß durchlaufen muß, ferner darin, daß die Entwicklung der Lösemitteldämpfe stoßweise, und zwar verschiedener Dämpfe nacheinander vor sich geht, so daß ein kontinuierlicher und damit wirtschaftlich günstigerer Wiedergewinnungsbetrieb schwer möglich ist. Von Bedeutung ist ferner, daß ein Gemisch von Lösungs- und Verdünnungsmitteln wiedergewonnen wird, das dem Ausgangsgemisch gegenüber eine andere Zusammensetzung zeigt und daß infolge Harzbeimengungen auch bei der Wiedergewinnung Verharzungen auftreten können.

Das einfachste Wiedergewinnungsverfahren ist die Kondensation des Lösemitteldampf-Luft-Gemisches durch Abkühlung. Es setzt aber einen Mindestgehalt an Lösungsmitteldampf je Kubikmeter Luft voraus, damit überhaupt eine Kondensation eintreten kann, und diese Mindestgrenze hängt von der Tiefe der Kondensationstemperatur ab. Wiedergewonnen wird also höchstens die Menge, die oberhalb dieses Mindestgehalts liegt, z. B. ein Benzol-Luft-Gemisch von 60° und 800 g Benzolgehalt je Kubikmeter kann bei Abkühlung auf 20° nur 480 g Benzol abgeben, da bei dieser Temperatur eine Sättigung der Luft mit 320 g/cbm verbleibt, bei 0° sind noch 120 g/cbm unkondensierbar. In Speiseölfabriken ist man deshalb mit der Tiefkühlung für die Kondensation bis auf —48° gegangen. Das nachstehende Schaubild zeigt die Verhältnisse für einige Lösemittel; aus ihm ergibt sich, daß die Wiedergewinnung von Schwefelkohlenstoff durch Kondensation zwecklos und vollkommen unwirtschaftlich wäre, während sie sich bei Alkohol rechtfertigen läßt. Die Verbindung der Kondensation mit einer Erhöhung des Luftdrucks, die die Konzentration des Dampf-Luft-Gemisches erhöht und damit die Kondensation erleichtert und die Ausbeute erhöht, findet selten statt, da die Betriebskosten in höherem Maße steigen. Technisch am leichtesten gestaltet sich die Kondensation bei den Gummistreichmaschinen, um so besser, je dichter die Abkapselung ist und je kleiner die Trockenstrecke, d. h. der Verdunstungsraum, durch hohe Erwärmung gehalten werden kann. Unter diesen Voraussetzungen wird man von einer Absaugung der Dämpfe und damit stärkerer Luftbeimischung absehen und die schweren Lösemitteldämpfe an den Seitenwandungen der Umkapselung in einen Kühlraum unterhalb des Verdunstungsraums herabfallen lassen, wo bei guter Kühlung wenigstens 60% des Lösemittels wiedergewonnen werden. Wird abgesaugt und an anderer Stelle kondensiert, so kann man die Kondensationsluft, die noch unkondensierbare Lösemitteldämpfe enthält, dem Trocknungsprozeß wieder zuführen.

Ein anderes Wiedergewinnungsverfahren, das Waschverfahren, beruht auf der leichten Löslichkeit vieler Lösemitteldämpfe in verschiedenen Flüssigkeiten. Die einfachste solcher Flüssigkeiten, das Wasser, kann z. B. zum Auswaschen von Alkohol, Methylacetat aus einem abgesaugten Dampf-Luft-Gemisch durch starke Berieselung benutzt werden, das Verfahren ist aber wegen der schwierigen und unvollkommenen Trennung der Lösemittel vom Wasser nicht recht wirtschaftlich. Günstiger war schon die Auswaschung mittels konzentrierter Schwefelsäure, die man für Alkohol-Äther-Dämpfe anwandte, doch ergaben sich bei der Wiederkonzentrierung der Säure und aus den Schwefelsäureangriffen auf die Apparatur dauernd Schwierigkeiten. Waschlaugen kommen nur in vereinzelten Fällen in Betracht, z. B. Ätznatronlauge, um aus Vulkanisierdämpfen zunächst den Chlorschwefel zu binden, Natriumbisulfitlauge für die Wiedergewinnung von Aceton in der Filmindustrie. Heute verwendet man als Waschöle Kresole, Phenole, Xylenole, Paraffinöle, oder auch, insbesondere für Benzindämpfe, Tetralin und Hexalin. Es handelt sich nicht um eine einfache Lösung oder Kondensation, sondern um die Bildung gewisser Verbindungen, die bei der nachfolgenden Erwärmung wieder zerfallen. Deshalb eignet sich das Waschverfahren auch mehr für die Dämpfe sauerstoffhaltiger Lösemittel, Äther, Ester, Ketone, als für Chlorkohlenwasserstoffe oder Schwefelkohlenstoff. Außer Rieseltürmen und Hordenwäschern werden auch Waschschleudermaschinen

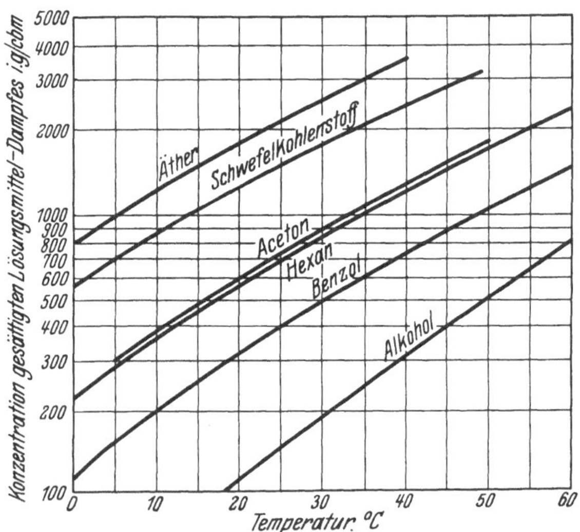

Abb. 6. Abhängigkeit der Kondensation von der Lösemittelkonzentration bei verschiedenen Temperaturen.

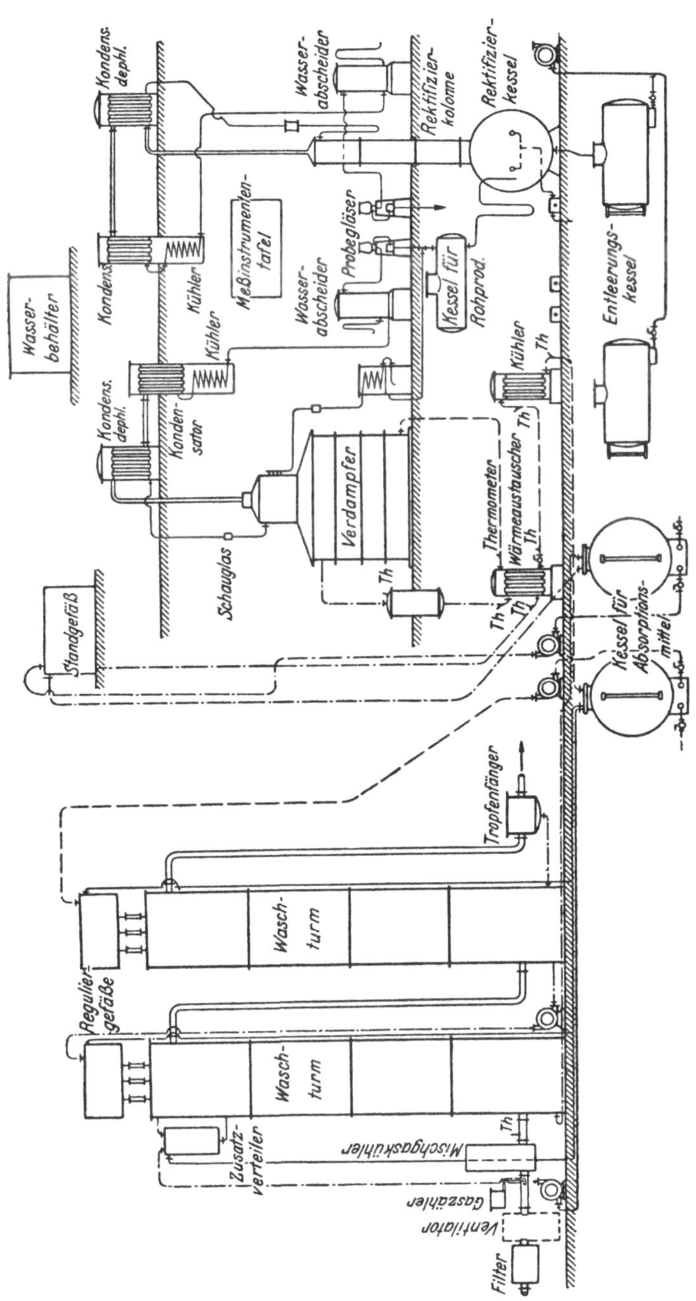

Abb. 7. Schema des Waschverfahrens zur Wiedergewinnung von Lösemitteln.

benutzt unter möglichst feiner Tropfenverteilung des Waschöls. Die Aufnahmefähigkeit für die Lösemitteldämpfe wird um so günstiger sein, je größer der Gehalt des Dampf-Luft-Gemisches an Lösemitteldämpfen ist und je stärker der Dampfdruck des Lösemittels ist, naturgemäß auch von der Fähigkeit des Waschmittels abhängen, die obenerwähnten Verbindungen einzugehen. Die Trennung der Lösemittel vom Waschöl geschieht in der üblichen Weise, durch einfache Verdampfung und Kondensation und Rektifikation, unmittelbar (vgl. Abb. 7) oder auch mittelbar durch Berieselung mit Natronlauge oder Kalkmilch zwecks Überführung in nichtflüchtige Natrium- oder Kalksalze, aus denen die Lösemittel abgetrieben werden, während die Waschöle durch Kohlensäure abgeschieden werden.

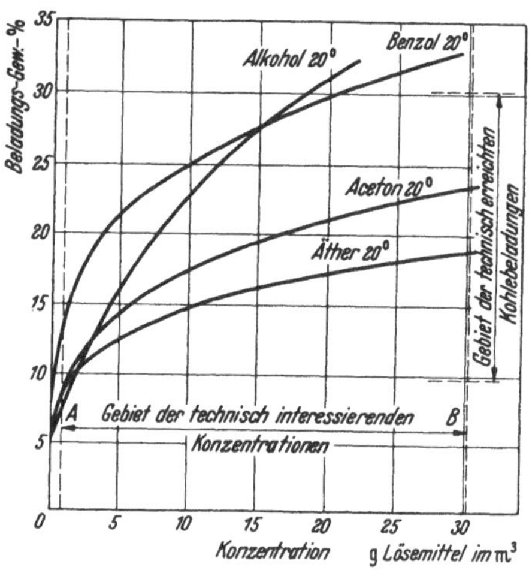

Abb. 8. Adsorptionsisothermen (Beladungskurven) aktiver Kohle für verschiedene Lösemittel.

Das am meisten angewandte Wiedergewinnungsverfahren ist die Absorbtion von Lösemitteldämpfen durch gewisse Stoffe, die infolge starker Porosität eine ungewöhnlich große innere Oberfläche je Gewichtseinheit aufweisen und durch Capillarwirkung den Dampfdruck der Lösemitteldämpfe erniedrigen, z. B. die sog. Aktivkohle (Benzorbon, Supersorbon u. a.), die 650—800 qm/g aufnahmefähige Fläche hat, Silikagel, das 450 qm/g hat, Aluminiumhydroxydgel u. a. Für die Aktivkohle kann Holzkohle, Braunkohle, Torf, Holz, Grudekoks u. ä. verwendet werden, in der Regel mit Chlorzink, für andere Zwecke mit Wasserdampf aktiviert, d. h. es wird durch Bindung von Wasserstoff und Sauerstoff ein feines Kohlenstoffgerüst ohne verstopfende Teerablagerungen gebildet, das ausgelaugt, gewaschen und gemahlen wird.

Das abgesaugte Dampf-Luft-Gemisch wird in einem geschlossenen Absorber von unten nach oben durch dicke Schichten grob- und feinkörniger Aktivkohle gedrückt, die Lösemitteldämpfe werden dabei von der Aktivkohle fast vollkommen zurückgehalten, während die Abluft ins Freie entweicht. Ist der Absorber gesättigt, was durch Meßinstrumente oder auch schon durch den Geruch der austretenden Luft erkennbar ist, wird der Dampf-Luft-Strom in einen anderen Absorber geleitet und der erste Absorber durch einen die Kohlenschichten in umgekehrter Richtung durchstreichenden Wasserdampfstrom von den absorbierten Lösemitteln gereinigt. Das Destillat geht in einen Kondensator, wird dort verflüssigt und trennt sich in den Abscheidern durch das spezifische

Gewicht vom Wasser. Bei wasserlöslichen Lösemitteln oder bei Gemischen ist eine weitere Rektifikation notwendig, sofern nicht, wie es in Tiefdruckereien üblich ist, das Lösemittel- und Verdünnungsgemisch an die Druckfarbenfabriken zurückgegeben wird. Bei Lösemittelgemischen darf die Beladung der Aktivkohle nicht voll ausgenutzt werden, weil die leichtest flüchtigen Bestandteile sonst von den schwerer flüchtigen aus der Kohle verdrängt werden und in die Luft gehen. Die ausgedämpfte Kohle ist nach kurzer Trocknung mit Trockenluft oder in einem einfachen Wärmespeicher wieder arbeitsfähig und hält sich jahrelang.

Das in ähnlicher Weise angewandte Silikagel (Wasserglas-Salzsäure-Gel) ist im Gegensatz zur Aktivkohle hygroskopisch; das kann je nach dem Lösemittelgemisch und einem etwaigen Wiedergebrauch der Luft, die also beim Durchgang durch den dem Lösemittel-Luft-Gemisch entgegengeblasenen Gelstaub getrocknet wird, von Vorteil oder Nachteil sein, auf jeden Fall muß das Gel öfter getrocknet werden und wird schneller verbraucht sein, hat aber nicht den Nachteil, daß es Lösemittel reduziert, wie es bei der Aktivkohle für manche Lösemittel beobachtet wird.

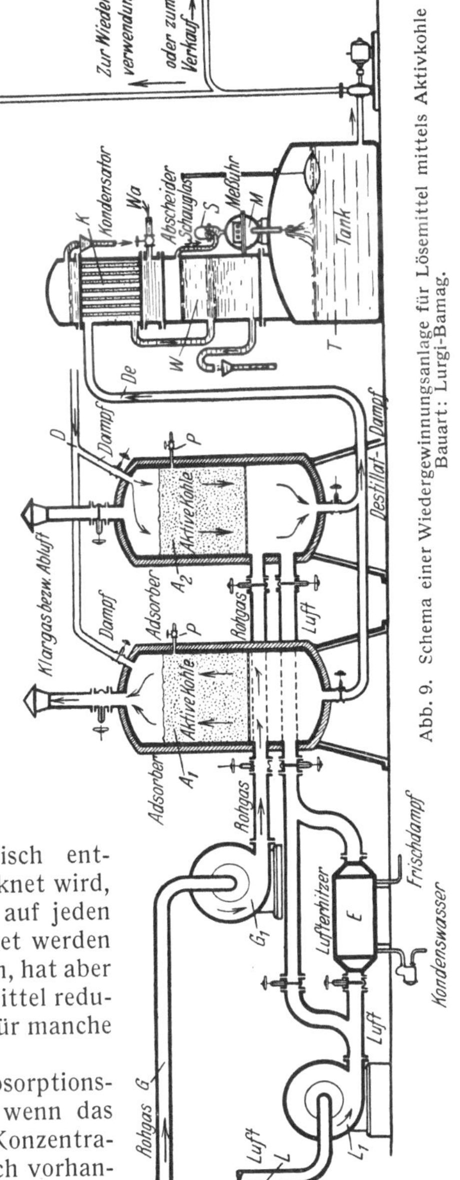

Abb. 9. Schema einer Wiedergewinnungsanlage für Lösemittel mittels Aktivkohle Bauart: Lurgi-Bamag.

Der Wirkungsgrad der Absorptionsanlagen ist sehr günstig, auch wenn das Lösungsmittel nur in geringer Konzentration in dem Dampf-Luft-Gemisch vorhanden ist, bei Silikagel nimmt der Wirkungsgrad allerdings mit sinkender Konzentration stark ab. Es können bis zu 98% der Lösemittel wiedergewonnen werden. Auch die Betriebskosten sind gering, da mit einem Verbrauch an Aktivkohle von 1 kg je 1000 kg zurückgewonnenen Lösemittels und einem Dampfverbrauch von 2—4 kg je Kilogramm Lösemittel zu rechnen ist, so daß sich einschl. Kraftbedarf, Lohnkosten und Amortisation ein Aufwand von 3—5 Pfennige je Kilogramm Lösemittel ergibt.

Die Beladungsmöglichkeiten der aktiven Kohle für verschiedene Lösemittel zeigt das Schaubild, Abb. 8, der Querschnitt einer Wiedergewinnungsanlage System Bamag-Lurgi mittels Aktivkohle ist in Abb. 9 dargestellt, ein Bild einer Äther-Alkohol-Rückgewinnungsanlage für eine Pulverfabrik in Abb. 10.

Die gleichmäßige Zuleitung eines Lösemittel-Luft-Gemisches annähernd gleicher Konzentration wird in vielen Fällen nicht möglich sein,

Abb. 10. Äther-Alkohol-Rückgewinnungsanlage für eine Pulverfabrik.

sei es, daß an der Absaugestelle mit Unterbrechung gearbeitet wird, sei es, daß mehrere Arbeitsstellen mit ungleicher Beschäftigung angeschlossen sind. Es muß dann dafür gesorgt werden, daß an nicht nur ganz vorübergehend unterbrochenen Arbeitsstellen die Absaugung abgestellt und der Eintritt gewöhnlicher Raumluft in die Absaugeleitung verhindert wird. Trotzdem wird so gearbeitet werden können, daß die untere Explosionsgrenze des Lösemittels nicht erreicht wird, und daß bei mehreren Anschlüssen Saugdruck und Absperrung so geregelt werden, daß nicht etwa in einer Anschlußleitung unerwartet ein explosionsfähiges Lösemittel-Luft-Gemisch sich bildet. Wenn an den Absaugestellen mit Staub oder Tröpfchen von Pigment oder Füllstoffteilchen oder Ablagerungen zu rechnen ist, so muß natürlich einem Eintritt in den Ventilator und in den Absorber durch möglichst nahe der Verdunstungsstelle eingebaute Filter in Form von mehrfachen Drahtgittern, Raschigringen, Steinkugelvorlagen u. ä. vorgebeugt werden, unter Umständen auch dem Weitergreifen etwa entstandener Flammen durch Dawysiebe, Kiestöpfe, Rückschlagklappen oder -ventile u. a.

7. Schutzmaßnahmen.

Wenn auch einzelne Gefahrenpunkte und Möglichkeiten der Gefahrenverhütung bei verschiedenen Verfahren der Verwendung von Lösemitteln bereits erwähnt worden sind, so sind doch wichtige grundsätzliche Fragen noch unbeantwortet geblieben: Kann man die Anwendung organischer Lösemittel ganz vermeiden, kann man ihren Gebrauch einschränken oder einzelne Lösemittel ausschalten und durch andere ersetzen, kann der mit Lösemitteln arbeitende Mensch so weit geschützt werden, können die Gefahren für Leben und Gesundheit so weit bekämpft werden, daß alle oder wenigstens die große Mehrzahl der Lösemittel unbedenklich verwendet werden können?

Mit Wärme, Druck, Wasser, Laugen oder Säuren kann man viele Stoffe lösen, aber nicht alle, deren Lösung oder aus der Lösung gewonnene Erzeugnisse wir mittelbar oder unmittelbar zur Befriedigung leiblicher, wirtschaftlicher oder kultureller Bedürfnisse unseres Volkes und zur Sicherstellung unserer Ausfuhrwirtschaft benötigen. Wir müssen also organische Lösemittel anwenden, und zwar je nach dem Zweck der Verwendung in mehr oder weniger großer Menge und Auswahl. Bei der Anwendung muß aber in erster Linie darauf Bedacht genommen werden, daß der Schutz der Arbeiter und Nachbarn gewerblicher Betriebe gegen Gefahren für Leben und Gesundheit, der Schutz des Volksvermögens gegen Vernichtung durch Brand und gegen Verlust durch Verdunstung, die technischen Erfordernisse einer rationellen Fabrikation und sachgemäßen handwerklichen Anwendung sowie die Befriedigung der Bedürfnisse der Volksgenossen in den rechten Einklang gebracht werden. Daß dabei auch ein Ausgleich zwischen den technischen und wirtschaftlichen Belangen von Industrie und Handwerk und den gegebenen Notwendigkeiten des Vierjahresplans und unserer Rohstofflage geschaffen werden muß, ist selbstverständlich.

Unabhängig von allen technischen und wirtschaftlichen Rücksichten werden die maßgebenden Stellen im Sinne des Arbeitsschutzes zunächst dem Gedanken nähertreten müssen, einzelne besonders gefährliche Lösemittel von der gewerblichen Verwendung vollständig auszuschalten, z. B. Tetra- und Pentachloräthan, die sich immer noch in nicht in Großbetrieben hergestellten Kitten, Klebemitteln, Lackentfernungsmitteln finden, Dichlordiäthyläther, Dimethyl- und Diäthylsulfid, Äthylenchlorhydrin, Mesityloxyd, Diäthylenoxyd (Dioxan). Bei anderen gesundheitsgefährlichen Lösemitteln, z. B. Schwefelkohlenstoff, Methylalkohol, Trichloräthylen, Benzol und seinen Homologen und Derivaten u. a. wird die Frage geprüft werden müssen, ob man ihre Verwendung nur für mit geschlossener Apparatur und ausreichender Absaugung arbeitende Verfahren zulassen soll,

z. B. den Schwefelkohlenstoff für das Sulfidieren der Natroncellulose, Vulkanisieren, Trichloräthylen für entsprechende Anlagen der chemischen Wäscherei und Entfettung, ob man die Verwendung ohne solche Apparatur z. B. bei der Entwesung, in der Tiefdruckerei, von der besonderen Zulassung erfahrener, zuverlässiger und gesunder Personen und ihrer ständigen Überwachung abhängig machen soll, oder ob man den Gehalt von Lösemittelgemischen und Verdünnern an solchen Mitteln gesetzlich begrenzen soll, z. B. den Gehalt der Tiefdruckfarben an Benzol und seinen Homologen, den Gehalt der Spritzlacke an Methylalkohol, Trichloräthylen u. a. Schließlich muß erwogen werden, ob nicht die für die Lagerung und den Transport feuergefährlichen Flüssigkeiten ausreichenden gesetzlichen Vorschriften eine Erweiterung hinsichtlich der Verwendung und Wiedergewinnung organischer Lösemittel erfahren können und müssen. Diese Erwägungen anzustellen ist Sache des Reichsarbeits- und des Reichswirtschaftsministeriums, die sich dabei der Erfahrungen des Reichsgesundheitsamts, der Technischen Deputation für Gewerbe, des Reichsversicherungsamts bedienen werden. Alle gesetzlichen Maßnahmen können aber nur Erfolg haben, wenn sie durch die Gewerbeaufsichtsbeamten und die Berufsgenossenschaften dem Einzelfall angepaßt und in notwendigen Fällen erweitert werden können, und wenn die Überwachung ihrer Durchführung durch eine Anzeigepflicht des Herstellers und des Verwenders von Lösemitteln gesichert ist. Das setzt voraus, daß die Zusammensetzung der in den Handel gebrachten oder dem einzelnen Verbraucher gelieferten Lösemittel und ihre Gefahren dem Käufer bekanntgegeben werden, oder daß wenigstens der für die Aufsicht zuständige Beamte Kenntnis von der Zusammensetzung der unter Decknamen in den Verkehr gebrachten Lösemittel erhält. Der allgemeine Deklarationszwang wird allerdings von der herstellenden Industrie noch abgelehnt, weil sie wirtschaftliche Schädigung des Herstellers, gegebenenfalls auch des Verwenders eines bestimmten Lösemittels gegenüber dem Konkurrenten befürchtet, ebenso eine Schädigung der gesamten Herstellungsindustrie und ihrer Ausfuhrmöglichkeit, da das Ausland für diesen oder jenen Fabrikationszweck angeblich gleichwertige Lösemittel und damit gleich gute Fertigerzeugnisse bisher nicht kennt. Daß mit der wirtschaftlichen Schädigung eines Herstellers oder Verwenders von Lösemitteln in manchen Fällen auch eine wirtschaftliche Schädigung der Arbeiter und damit mittelbar vielleicht auch eine gesundheitliche, wenn auch anderer Art, verbunden sein kann, soll nicht verschwiegen werden. Bei vielleicht 30000 deutschen Patenten, Namens- oder Musterschutznummern, die sich unmittelbar oder mittelbar mit Lösungsmitteln befassen, und vielleicht ebenso vielen in Frankreich, England, den Vereinigten Staaten und anderen Ländern kann natürlich von einem wirklichen Schutz nicht mehr die Rede sein. Immerhin wird man bei gesetzlicher Einführung einer Deklarationspflicht vorsichtig sein müssen und eine solche Pflicht auf bestimmte Lösemittel oder bestimmte Gehaltsgrenzen für diese Bestandteile beschränken müssen, und weiter überlegen müssen, ob eine allgemeine Deklarationspflicht durch Anzeige an eine Zentralstelle einzuführen ist, oder eine solche auf Verlangen der Verwender oder des überwachenden Beamten für den einzelnen Fall festzulegen ist, oder auch der Berufsgenossenschaft, wenn der Verdacht einer bestimmten entschädigungspflichtigen Erkrankung vorliegt. Mit der Bekanntgabe der Zusammensetzung eines Lösemittels kann sich selbstverständlich ebensowenig wie bei der Erteilung eines Patentes oder einer Lizenz an der Verantwortlichkeit der Beteiligten etwas ändern. Der Betriebsleiter hat daher seine Kenntnis von der Zusammensetzung der benutzten Lösemittel auf Verlangen an den Gewerbeaufsichtsbeamten, den Gewerbearzt und den Vetrauensarzt des Betriebes weiterzugeben, sich bei ihnen über die Gefahren der Lösemittel zu unterrichten und den verantwortlichen Meister und Arbeiter soweit als nötig zu unterweisen und bei ihrer Hantierung zu überwachen; er bleibt für die Beachtung der gesetzlichen Vorschriften und behördlichen Anordnungen und der vom Lösemittellieferer gegebenen Ratschläge verantwortlich, ebenso für die richtige Auswahl zuverlässiger und widerstandsfähiger Arbeitskräfte. Der Arbeiter ist auf die Gefahrenmöglichkeiten ausdrücklich hinzuweisen und auf die Befolgung aller Anordnungen und Beachtung aller Schutzmaßnahmen zu verpflichten. Mit einer einmaligen Belehrung der Arbeiter ist es natürlich nicht getan, ebensowenig mit Aushängen oder mit eingehändigten Vorschriften; die Arbeiter müssen in regelmäßigen Zwischenräumen und bei besonderen Gelegenheiten immer wieder zur Vorsicht, Reinlichkeit, Schutzmaskenbenutzung, Beachtung des Rauchverbots u. a. gemahnt werden. Die Mahnung muß sich auch auf nicht unmittelbar beteiligte Arbeiter erstrecken, damit bei Unfällen, Bränden, Erkrankungen eine wirksame Abstellung weiterer Gefahren einsetzen kann, damit das Eintreten einer Panik oder Massensuggestion unterbunden werden kann, damit die Betriebsorganisation der Brandbekämpfung und des Luftselbstschutzes dem Sonderfall angepaßt werden kann. Für die Unterweisung und Mahnung der Arbeiter kommen nicht nur die Betriebsleiter und Meister, sondern auch die Mitglieder des Vertrauensrates, soweit sie sachkundig sind und im Betriebe stehen, in Betracht, ebenso die sonst berufenen Mittler (Unfallvertrauensleute, Arbeitsschutzwalter, Werkärzte, Betriebsärzte, Vertrauensärzte.

Die richtige Auswahl der Arbeitskräfte verlangt keineswegs, daß nun jeder Arbeiter, der mit Lösemitteln arbeiten soll, vor der Beschäftigung durch Reizproben geprüft werden soll, ob er für dieses oder jenes Lösemittel empfänglich ist, auch eine regelmäßig in gewissen Zeiträumen wiederholte ärztliche Untersuchung erscheint nur für einzelne Arbeitergruppen erforderlich, z. B. für Spritzer, die mit Bleifarbenlösungen arbeiten, Tiefdrucker, Schwefelkohlenstoffarbeiter, dagegen ist es wünschenswert, daß die Beschäftigung männlicher und weiblicher Jugendlicher unter 18 Jahren mit Arbeiten, bei denen Lösemitteldämpfe entweichen, verboten wird mit Ausnah me handwerklicher Maler-, Anstreicher-Lackier- und Polierarbeiten von Hand, ebenso die Beschäftigung erwachsener Arbeiterinnen mit Arbeiten, bei denen sie mit Benzol, Toluol,

Xylol, Schwefelkohlenstoff, Trichloräthylen und deren Dämpfen in Berührung kommen. Für Beschäftigung von Arbeiterinnen mit Arbeiten, bei denen sie anderen Lösemitteldämpfen ausgesetzt sind, und für die Beschäftigung von Männern mit den obengenannten Arbeiten, die eine ärztliche Überwachung bedingen sollten, müßte eine Anzeigepflicht vorgesehen werden, wie sie für das Bleifarbenspritzen bereits besteht. Ganz allgemein sollten schwächliche, unterernährte Personen, Fettleibige, Zuckerkranke, Leute, die zu Hautausschlägen neigen, nicht für Arbeiten mit Lösemitteln eingestellt werden.

Es ist nicht zu erwarten, daß der Betriebsführer oder der Leiter der einzelnen Betriebsabteilung alle Verordnungen, in denen die Anwendung von Lösemitteln berührt wird, kennt. Die Verordnungen regeln auch öfter ganz andere Dinge und streifen nur an der einen oder anderen Stelle die Lösung der betroffenen Stoffe und ihre Gefahren. Sie seien deshalb hier angeführt und sollten dem verantwortlichen Betriebsleiter Veranlassung geben, sich von dem zuständigen Gewerbeaufsichtsbeamten über die für seinen Betrieb gültigen Vorschriften unterrichten zu lassen:

Reichsgesetz über gesundheitsschädliche oder feuergefährliche Arbeitsstoffe v. 25. III. 39 (RGBl. I, S. 581).

Preuß. Polizeiverordnung über den Verkehr mit brennbaren Flüssigkeiten, auf Grund eines Minist.-Musterentwurfs vom 26. XI. 1930 (HMBl. S. 321).

Preuß. Sprengstoffverkehrverordnung vom 9. IX. 1935 (GS. S. 119).

Preuß. Polizeiverordnung über die ortsbeweglichen, geschlossenen Behälter für verdichtete, verflüssigte und unter Druck gelöste Gase (Druckgasverordnung) vom 2. XII. 1935 (GS. S. 152).

Reichsverordnung über Zellhorn vom 20. X. 1930 (RGBl. S. 468) und Abänderung vom 14. VII. 1934 (RGBl. S. 711).

Sicherheitsvorschriften für Zellhorn, in der Fassung vom 5. XI. 1932 (RABl. Nr. 32).

Preuß. Erlaß, betr. Benzinextraktionsanlagen vom 15. I. 1909 (HMBl. S. 16).

Polizeiverordnung des Pol.-Präs. Berlin betr. Benzinwäschereien vom 13. IX. 1930 (Amtsbl. S. 318).

Preuß. Erlaß betr. Extrakteure in Ölmühlen als Dampffässer vom 9. VII. 1927 (HMBl. S. 277).

Preuß. Grundsätze betr. Lagerung und fabrikatorische Verwendung von Äthyläther (Schwefeläther) vom 24. III. 1908 (HMBl. S. 120).

Preuß. Grundsätze betr. Herstellung, Lagerung und fabrikatorische Verwendung von Schwefelkohlenstoff vom 23. II. 1910 (HMBl. S. 71).

Preuß. Erlaß betr. Kaltvulkanisation von Gummiwaren mit Schwefelkohlenstoff vom 7. IX. 1932 (nicht veröffentlicht).

Reichsverordnung betr. Einrichtung und Betrieb gewerblicher Anlagen zur Vulkanisierung von Gummiwaren vom 1. III. 1902 (RGBl. S. 59).

Preuß. Anordnung betr. kleine Vulkanisieranlagen vom 2. II. 1921 (HMBl. S. 48).

Preuß. Anordnung betr. Einrichtung und Betrieb zur Herstellung und Wiedergewinnung von Nitro- und Amidoverbindungen vom 21. X. 1911 (HMBl. S. 404) und vom 3. XI. 1914 (HMBl. S. 536).

Preuß. Verordnung betr. Verwendung feuergefährlicher und gesundheitsschädlicher Stoffe im Friseurgewerbe vom 16. X. 1934 (Pr.GS. S. 424) und vom 6. XII. 1937 (GS. S. 166).

Preuß. Erlaß betr. Grundsätze für Ausbesserungsarbeiten auf Schiffen mit Mineralöltanks vom 15. XII. 1926 (MBl. H und G 1927 S. 4).

Reichsverordnung betr. Anstreicherarbeiten in engen Schiffsräumen vom 2. II 1921 (RGBl. S. 142).

Preuß. Erlaß betr. Innenanstriche von Dampfkesseln mit Benzolpräparaten vom 17. I. 1906 (HMBl. S. 77) und vom 17. VII. 1907 (HMBl. S. 316).

Preuß. Erlaß betr. Berufskrankheiten der Petroleumarbeiter vom 13. II. 1905 (HMBl. S. 36).

Preuß. Erlaß betr. Gefahren in Zaponlackspritzereien vom 12. IX. 1929 (HMB. S. 270).

Preuß. Erlaß betr. Verwendung von Tetrachloräthan vom 12. III. 1930 (HMBl. S. 65).

Preuß. Erlaß betr. Gesundheitsverhältnisse in Polierwerkstätten vom 1. V. 1903 (HMBl. S. 176).

Erlaß des R. und Pr. Arbeitsministers betr. Benzolmerkblatt vom 2. X. 1937 (RABl. S. 29).

Reichsverordnung zum Schutz gegen Bleivergiftung bei Anstricharbeiten vom 27. V. 1930 (RGBl. S. 183).

Preuß. Erlaß betr. Schutzmaßnahmen beim Arbeiten mit Acetonersatz und Kollodiumkitt vom 12. IV. 1920 (nicht veröffentlicht).

Anordnung des Pol.-Präs. Berlin betr. Grundsätze für die Errichtung von Fabriken für Gasglühlichtkörper vom 24. VII. 1900.

Reichsverordnung betr. Verbot der Heimarbeit in der Gummikonfektion vom 24. IX. 1929 (RGBl. S. 149); desgl. Ausdehnung auf Lederolmäntel vom 10. VIII. 1934 (RGBl. S. 772).

Reichsverordnung betr. Ausdehnung der Unfallversicherung auf Berufskrankheiten vom 16. XII. 1936 (RGBl. S. 1117).

Lebensmittelgesetz vom 5. VII. 1927 (RGBl. S. 134).

Verordnung des M.d.I. über den Handel mit Giften vom 11. I. 1938 (GS. S. 1 und S. 58).

Verordnung über Schädlingsbekämpfung mit hochgiftigen Stoffen vom 29. I. 1919 (RGBl. S. 165) und vom 10. X. 1934 (RGBl. S. 1260).

Ähnliche Verordnungen wie die genannten preußischen haben auch die anderen deutschen Länder erlassen, zum Teil haben sie noch besondere Anordnungen getroffen, z. B. Sachsen über die Verhütung von Bränden in Wachs- und Ledertuchfabriken, Württemberg über das Schweißen von Benzinfässern, Thüringen über Mattlacke, Hamburg betr. Gummimantelklebereien, österreichische Verordnung für Betriebe, in denen Benzol, Xylol, Toluol, Trichloräthylen, Tetrachloräthan, Tetrachlorkohlenstoff und Schwefelkohlenstoff erzeugt oder verwendet werden, vom 28. III. 1934 (Mitt. des Volksgesundheitsamts S. 51).

Die in den Vorschriften vorgesehenen Schutzmaßnahmen sind teils persönlicher Natur (Kleidung, Reinigung usw.), teils technischer (Raumlage, Lüftung, Absaugung usw.). Eine Regelung der Arbeitszeit treffen nur einzelne, so bestimmt die Verordnung über Anstricharbeiten in engen Schiffsräumen, daß die Arbeiten nach Bedarf, mindestens aber jede halbe Stunde, abzulösen sind und erst nach Ablauf von zwei weiteren Stunden mit solchen Arbeiten wieder beschäftigt werden dürfen; auch dürfen solche Arbeiten nicht vorgenommen werden, wenn die Temperatur in den Räumen 25° übersteigt. Die Verordnung betr. Vulkanisieranstalten ordnet an, daß die Beschäftigung mit dem Vulkanisieren unter Anwendung von Schwefelkohlenstoff oder bei sonstigen Arbeiten, bei denen die Arbeiter der Einwirkung von Schwefelkohlenstoff ausgesetzt sind, ununterbrochen nicht länger als 2 Stunden und täglich im ganzen nicht länger als 4 Stunden dauern darf; nachdem die Arbeit 2 Stunden gedauert hat, muß vor der Wiederaufnahme der Arbeit eine Arbeitspause von mindestens einer Stunde gewährt werden. Personen unter 18 Jahren dürfen mit solchen Arbeiten überhaupt nicht beschäftigt werden. Ähnliche Verbote der Beschäftigung von Jugendlichen unter 18 Jahren sind auch für andere Arbeiten mit Schwefelkohlenstoff, für fabrikatorische Verwendung von Äther und für Betriebe zur Herstellung und Weiterverarbeitung von Nitro- und Amidoverbindungen ausgesprochen. Man wird heute, wo die technischen Einrichtungen vervollkommnet sind, und die Arbeiter die Gefahren besser kennen, von weitergehenden Forderungen hinsichtlich der Beschäftigungszeit absehen können, aber doch erwägen müssen, ob nicht für Arbeiterinnen, die mit Lösemitteln zu tun haben, allgemein und für solche Arbeiten, die mit gechlorten Kohlenwasserstoffen, Benzol und seinen Homologen, Schwefelkohlenstoff, gegebenenfalls auch einzelnen anderen Lösemitteln zu tun haben, eine Arbeitszeit von 8 Stunden von Montag bis Freitag und von 5 Stunden an den Sonnabenden als die äußerste Grenze anzusehen ist unter grundsätzlicher Ablehnung jeder Mehr- und Sonntagsarbeit und unter Forderung einer zusammenhängenden Pause von mindestens 1 Stunde, die in ungefährdeten Räumen oder im Freien zuzubringen ist. In Betrieben, in denen durch die Verwendung von Lösemitteln die Gefahr der Hauterkrankungen vorliegt, haben sich Sonderwaschpausen von 5—10 Minuten vor den allgemeinen Pausen und vor Arbeitsschluß bewährt. Schließlich sollte man Arbeitern, die mit Lösemitteln arbeiten, die stark narkotisch wirken, die Schleimhäute angreifen oder Nervengifte sind, einen gegenüber dem tariflichen Anspruch um eine Woche verlängerten Erholungsurlaub zubilligen. In diesem Zusammenhang muß auch erwogen werden, ob nicht für Betriebe, die nicht durch die Technik des Verfahrens unbedingt gezwungen sind, ununterbrochen zu arbeiten, eine Unterbrechung der Arbeit von täglich mindestens 6 Stunden vorzuschreiben ist, damit eine gründliche Lüftung des Arbeitsraumes und Reinigung des Arbeitsraumes und der Maschinen möglich ist; insbesondere hat sich in Tiefdruckereien und Stoffgummiereien als Mangel herausgestellt, daß gelegentlich mehrere Wochen hindurch in drei 8stündigen Schichten gearbeitet wird, und dann weder die abtretende noch die antretende Schicht zu einer gründlichen Durchlüftung des Raumes geneigt ist.

Ein wiederkehrendes Auswechseln der gefährdeten Arbeiter ist in vielen Fällen nicht möglich, z. B. bei den Sonderfacharbeitern der Tiefdruckerei, in anderen Fällen würde es ohne wirtschaftliche Schädigung der Arbeiter und des Unternehmens nicht abgehen, vereinzelt ist es aber doch möglich und auch mit Erfolg vorgenommen worden, z. B. bei Bleifarbenspritzern, bei Vulkanisierarbeit, in der Schuhindustrie und bei den sog. Schablonenarbeiterinnen, die in wöchentlichem Wechsel Tränk- und Konfektierungs- oder Packarbeiten vornehmen können. Ob der einzelne Arbeiter zeitweilig oder gänzlich von einer gefährlichen Arbeitsstelle zu entfernen ist, hat natürlich der Arzt oder der Gewerbeaufsichtsbeamte zu entscheiden, er wird dabei auch die zeitlich Gefährdeten, z. B. schwangere Arbeiterinnen, oder die Süchtigen nicht vergessen.

a) Die persönlichen Schutzvorkehrungen für den Arbeiter.

Die Arbeit mit Lösemitteln geht vielfach nicht ohne Spritzer auf die Kleidung des Arbeiters ab. Damit ist einmal eine Feuergefährdung gegeben, andererseits kann das Lösemittel zur Haut durchdringen und zu Ekzemen oder Acneerkrankungen Veranlassung geben, unter Umständen z. B. bei Anilin und anderen Amiden zu krebsartigen Erkrankungen führen. Deshalb sollte die Arbeitskleidung möglichst oft gewechselt und gewaschen werden und beim Ablegen nach Arbeitsschluß durch Schütteln und Schwenken gelüftet werden. In engen, schwer zugänglichen Räumen, in denen mit brennbaren Lösemitteldämpfen auch bei guter Entlüftung zu rechnen ist und Zündungsmöglichkeiten vorliegen, muß in flammensicherer Kleidung gearbeitet werden. Bei Tauch- und Spritzarbeiten wird sich oft das Tragen großer, schnell abreißbarer Schutzschürzen aus Leder empfehlen, ferner Manschetten für die Unterarme und gegebenenfalls Handschuhe aus Gummi, wenn dieser durch das Lösemittel nicht angegriffen wird. Die Arbeiterinnen in Spritzereien, die einem Farbnebel nicht immer ausweichen können, sollten auch Schutzkappen für die Kopfhaare tragen. Die Vorschriften für Vulkanisieranlagen schreiben vor, daß der Unternehmer Schutzkleidung zu stellen hat, ebenso die Verordnung für Betriebe, in denen Nitro- oder Amidoverbindungen hergestellt oder weiterverarbeitet werden; der Unternehmer hat hier auch Hemden und Kopfbedeckungen, gegebenenfalls auch Schuhzeug und Handschuhe zur Verfügung zu stellen. Auch hier wird zu überlegen sein, ob die Kleidung durch geeignete Mittel, Locron, Acaustan u. ä., unentflammbar zu machen ist. Die Kleiderschränke für Lösemittelarbeiter müssen oben und unten reichliche Lüftungsöffnungen haben, der Umkleideraum muß ständig gut gelüftet sein; für Arbeiter an Nitro- und Amidoverbindungen sind 2 Kleiderschränke, je einer für die Arbeitskleidung und die Straßenkleidung vorgeschrieben.

Zur persönlichen Schutzausrüstung des Arbeiters gehört die Schutzmaske. Daß ihr ständiges Tragen eine erhebliche Belastung durch Atemaufwand, Erwärmung und andere Unannehmlichkeiten darstellt, kann keinem Zweifel unterliegen, trotzdem wird sie bei mancher Arbeit mit Lösemitteln nicht entbehrt werden können, z. B. beim Spritzen sperriger Stücke, Flugzeuge, Kraftwagen, Eisenbahnwagen, Brücken, wo die Absaugung nicht unmittelbar an der Verdunstungsstelle ansetzen kann. Empfohlen wird als Schutzmaske gegen die Einatmung von Lösemitteldämpfen eine solche mit einem von der Degea (Auer-Gesellschaft) und der Firma Draeger gleichmäßig mit A bezeichneten Industrieeinsatzfilter, das im wesentlichen aus aktiver Kohle besteht. Ein solches Degeafilter 88 O 3 kann z. B. 19 g Tetrachlorkohlenstoff oder 11 g Aceton oder 15 g Benzol aufnehmen (Abb. 11).

Bei Verwendung von Lösemitteln für Innenanstriche in Kesseln, Schiffsräumen, Flugzeugkörpern u. ä. ist die Anwendung von Frischluftgeräten geraten; doch ist darauf zu achten, daß bei Zuführung von Kompressorluft Ölfreiheit gewährleistet ist und bei Bedarf Lufterwärmung, die z. B. bei einzelnen Geräten durch kleine eingebaute Elektrokörper eingeschaltet werden kann. Ist mit Lösemittelspritzern zu rechnen, so wird der Arbeiter zweckmäßig eine Schutzbrille tragen.

Der beste persönliche Schutz des Arbeiters ist die Reinlichkeit. Gründliches Waschen nach der Arbeitszeit, wobei auch Bart und Kopfhaare nicht vernachlässigt werden dürfen, aber auch Waschen der Hände und Mundpartie vor den Mahlzeitpausen ist unbedingte Voraussetzung. Der Arbeiter ist naturgemäß geneigt, die Verschmutzung der Hände mit Farben, Lacken mit dem Lösemittel, das er zur Hand hat, zu beseitigen. Ekzeme sind nicht selten die Folge; oder er benutzt Laugen, insbesondere Soda- oder Chlorkalklauge, die die durch das Lösemittel entfettete Haut spröde und für weiteren Angriff des Lösemittels und Eindringen von Schmutzstoffen und Infektionskeimen empfänglich machen. Wenn in seltenen Fällen warmes Wasser, Seife, Bimsstein und Bürste nicht genügen und zu einem Lösemittel gegriffen werden muß, etwa zu einer Waschmittelemulsion aus 35% Testbenzin und 60% Wasser und einem besonderen Emulgator oder ähnl., so ist auf jeden Fall ein Nachwaschen mit warmem Wasser und überfetteter Seife, also keiner Kern- oder Schmierseife, und ein nachheriges Einfetten mit Vaselin, Glycerin oder auch Lanolin, Goldcreme oder besonderen Salben erforderlich. Wenn bei Verschmutzung durch einzelne Farblösungen Chlorkalk nicht zu vermeiden ist, so soll er nicht in fester Form angewandt werden, sondern nur mit Soda oder mit Soda und Schlemmkreide, z. B. 2 Teile Chlorkalk, 1 Teil Soda, 4 Teile Schlemmkreide zu einem Brei gerührt und, soweit wie ohne Beeinträchtigung des Erfolges möglich, mit Wasser verdünnt. Dabei ist zur Neutralisierung eine Nachwaschung mit einer technischen 10proz. Bisulfitlösung oder Aufstreuen und Verreiben von Blankit (Natriumhyposulfit) auf die warm gewaschenen Hände erwünscht. Ein Einfetten ist auch dann zweckmäßig, und zwar auch vor Beginn der Arbeit, z. B.

ein Einreiben mit Präcutan. Für Verschmutzung der Hände durch Spiritus- oder Nitrolack wird auch, da Leinöl für solche Zwecke nicht mehr zur Verfügung steht, Olein (Stearinöl) vorgeschlagen, das aber nur in geringen Mengen zur Fleckenentfernung benutzt werden darf und ebenfalls ein Nachwaschen erfordert. Als sog. Schwarzhandseife wird auch eine Seife benutzt, die aus 20 kg Cocos- oder anderem Pflanzenöl, 11 kg Natronlauge von 29° Bé, 10 kg Bimssteinpulver, 8 kg Mischung aus Tetralin, Benzin, Terpentinöl und Türkischrotöl (sulf. Ricinusöl) besteht. Das für Spritzer mehrfach vorgeschlagene Einschmieren der Haut mit Lehm oder Einpudern der Hände und Unterarme mit Schlemmkreide

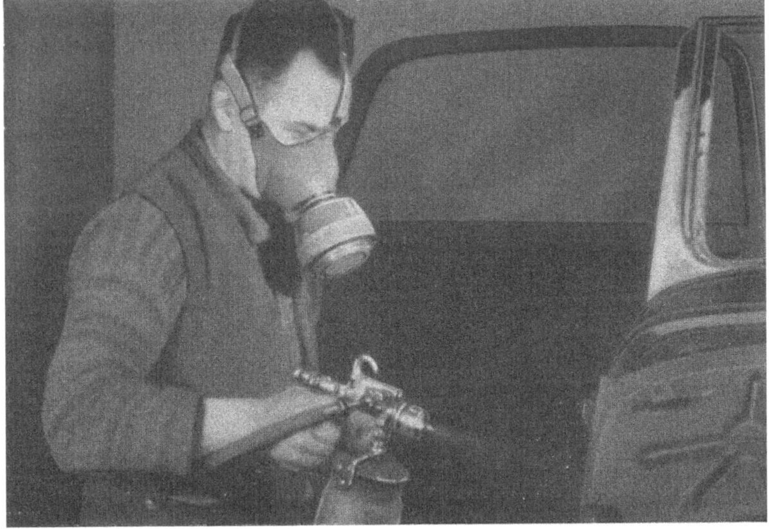

Abb. 11. Schutzmaske mit Industrieeinsatzfilter beim Spritzen sperriger Stücke.

und Talkum genügt nur in den seltensten Fällen. Wichtig ist, daß möglichst jeder gefährdete Arbeiter seine eigene Waschschüssel, Seife, Bürste und Handtuch hat und daß durch Pausenverlängerung genügend Zeit zum sorgfältigen Waschen gegeben ist. Badegelegenheiten werden in kleinen Spritzereien, Lackierereien und ähnlichen Betrieben nicht verlangt werden können, in vielen sauberen Betrieben, z. B. Filmfabriken, Acetatkunstseidefabriken, auch nicht unbedingt erforderlich sein, wenn man sie nicht wegen der Arbeit in besonders heißen Räumen verlangen muß; für schmutzige Betriebe, Großspritzereien, Gummifabriken, manche Ölgewinnungsanlagen sind sie jedenfalls angebracht.

Allgemeine Körperpflege einschl. Zahnpflege, körperliche Ertüchtigung durch Turnen, Sport und Spiel, wenn irgend möglich im Freien, ausreichender Schlaf, Mäßigung im Genuß heben die Widerstandsfähigkeit auch gegen die Einwirkung von Lösemitteln und ihren Dämpfen.

Die Ernährung des Arbeiters, der mit Lösemitteln umgeht, braucht nicht anders zu sein als die eines anderen, kräftig arbeitenden Mannes. Der Arbeiter soll aber nicht mit leerem Magen mit Lösemitteln hantieren und sich ihren Dämpfen aussetzen, sondern vorher ordentlich frühstücken, am besten einen Teller dicker Suppe zu sich nehmen, vor und während der Arbeitszeit Alkohol meiden, beim Umgang mit gewissen Lösemitteln, für die eine Verstärkung ihrer inneren Wirkung durch Alkohol festgestellt ist, z. B. Benzol, etwas weniger seine Homologen, Nitro- und Amidoverbindungen, auch mit dem Genuß von Alkohol nach der Arbeitszeit vorsichtig sein. Milch ist kein Heilmittel oder sicher wirkendes vorbeugendes Mittel gegen Lösemitteleinwirkungen, weder eine besonders günstige Wirkung ihres Calciumgehalts gegen chlorierte Kohlenwasserstoffe, noch eine besonders schädliche Wirkung ihres Fettgehalts, der die Aufnahmefähigkeit für Kohlenwasserstoffe erhöhen soll, sind bisher einwandfrei nachgewiesen. Sie wird aber doch besonders für die zahlreichen Arbeiterinnen, die mit Lösemitteln umzugehen haben, z. B. Spritzerinnen, das geeignetste Getränk und Erfrischungsmittel in den Pausen sein. Die zur Arbeit mitgebrachten Eßwaren sollen nicht im Arbeitsraum aufbewahrt und verzehrt und nicht mit Händen, die mit Lösemitteln, Lackkrusten, Farben verschmutzt sind, angefaßt werden. Angemessene Eßräume mit der Möglichkeit, warme Speisen zu erhalten, sind für größere Betriebe selbstverständliche Voraussetzung, für kleinere Betriebe ist eine Vorrichtung, mitgebrachte Speisen und Getränke zu erwärmen, zu fordern.

Die üblichen Einheitsverbandkästen für gewerbliche Betriebe werden auch für Lösemittelbetriebe im allgemeinen genügen, wenn man nicht in besonders gearteten Fällen für vermehrte Verbrennungen, Wiederbelebungsfälle Vorsorge treffen muß. Mit den im Verbandkasten befindlichen Lösemitteln, Hoffmannstropfen (Äther-Alkohol), Lysol, Kollodiumlösung u. a. wird man natürlich vorsichtig umgehen.

b) Schutzmaßnahmen technischer Art.

Sowohl feuerpolizeiliche wie gewerbehygienische Belange verlangen schon bei der Errichtung oder Einrichtung von Anlagen, in denen Lösemittel verwendet werden, sorgfältige Beachtung. Solche Anlagen sollen nicht an engen Höfen liegen, wo Lösemitteldämpfe oder Brände nicht nur die Arbeiter des eigenen Betriebes, sondern auch die fremder Betriebe und die Nachbarschaft gefährden oder belästigen können. Besondere Vorsicht ist dann geboten, wenn Lösemittel im Kleingewerbe oder in der Heimarbeit in Wohngebäuden, vielleicht gar im Kellergeschoß verwendet werden, z. B. bei der Verarbeitung von Zellhorn oder Zellhornwaren, beim Kleben von Gummimänteln, beim Spritzen von Schuhwaren; selbstverständlich verdient auch in großen Gewerbe- und Handelsbetrieben die Arbeit mit Lösemitteln besondere Beachtung; so hat der Reichsarbeitsminister auf die besondere Gefahr in Warenhäusern hingewiesen, wenn Modell- und Schaufensterpuppen durch Bespritzen mit Nitrolacken aufgefrischt werden. Gewisse Arbeiten mit Lösemitteln wird man zweckmäßig auf Räume zu ebener Erde oder auf Räume, über denen sich keine anderen, zum Aufenthalt von Menschen befinden, beschränken, z. B. die Zellhornherstellung, die Gummierung von Geweben, die Filmfabrikation. Wo die Gefahr des Absinkens schwerer Lösemitteldämpfe über gemeinsame Treppenhäuser vorliegt, z. B. bei der Sulfidierung der Cellulose, in Benzinwäschereien u. a., muß man natürlich auch bei der Belegung der unter solchen Anlagen befindlichen Arbeitsräume entsprechende Vorsicht walten lassen. Schließlich muß man auch mit dem Kriechen von Lösemitteln in horizontaler Richtung rechnen und etwaige Zündmöglichkeiten ins Auge fassen. Kaum durchführbar ist die Empfehlung in den Grundsätzen für Spritzereien, Spritzstände in mehrstöckigen Gebäuden nur im obersten Stockwerk zuzulassen. Da in Mietgebäuden oft mehrere Betriebe mit den gleichen Betriebsbedürfnissen, z. B. mehrere Möbeltischlereien, in den einzelnen Stockwerken untergebracht sind und keiner zugunsten seines Konkurrenten im obersten Stockwerk auf eine Spritzerei verzichten kann. Voraussetzung ist selbstverständlich, daß neben der Erfüllung anderer Schutzmaßnahmen 2 Treppenhäuser in feuerhemmender Bauweise vorhanden sind, daß kein Arbeitsplatz mehr als 30 m von einem Treppenhaus entfernt ist und daß die Spritzereien von dem übrigen Fabrikationsgang abgetrennt werden.

Vorschriften über die Verteilung der Arbeits- und Lagerräume geben auch die zur Reichsverordnung über Zellhorn gehörigen Technischen Grundsätze für Filmbetriebe, die hier nur deshalb erwähnt zu werden verdienen, weil sie auch Räume betreffen, in denen Filme mit Lösemitteln geklebt werden, eine Arbeit, die nicht nur in den Filmaufnahmebetrieben sondern auch in den Filmkopieranstalten und Filmverleihbetrieben eine nicht unerhebliche Rolle spielt. Über die Lagergebäude für größere Mengen von brennbaren Lösemitteln geben die noch zu besprechenden Verordnungen über brennbare Flüssigkeiten Auskunft.

Ob die einzelnen Räume, in denen Lösemittel hergestellt oder verarbeitet werden, in feuersicherer oder feuerhemmender Bauweise, gegebenenfalls bei großer Explosionsgefahr, teilweise auch in besonders leichter Bauweise auszuführen sind, muß im Einzelfall je nach Art und Menge der Lösemittel und nach besonderen Gefahrenmomenten beurteilt werden. Der Fußboden ist jedenfalls feuerhemmend, fugenlos und abwaschbar, gegebenfalls mit Gefälle nach einer Abflußstelle herzustellen.

Für die Schutzmaßnahmen, die bei der inneren Einrichtung der Räume, in denen Lösemittel verarbeitet werden, zu treffen sind, ist ebenfalls in erster Linie die Feuersgefahr maßgebend. Abgesehen von den meisten gechlorten Kohlenwasserstoffen und Weichmachern sind die in Frage kommenden Stoffe leicht brennbar, zum Teil in Gemischen ihrer Dämpfe mit Luft innerhalb gewisser Grenzen auch explosibel. Diese Grenzen gehen für einige von ihnen aus der Aufstellung S. 17 hervor.

Auf rechnerische und laboratoriumsmäßige Ermittelungen darf man sich dabei nicht allzusehr verlassen, da die Diffusionsgeschwindigkeit der Gase eine erhebliche Rolle spielt und gleichmäßige Verteilung des Lösemitteldampfes in der Luft bei schwer diffundierenden Gasen, z. B. Benzin, Äther u. a. bei der fabrikatorischen Verarbeitung selten ist. Die Dämpfe kriechen am Boden und werden von Luftströmungen wolkenartig fortgerissen und an Feuerstellen gesaugt. So erklären sich manche Verpuffungen in Fällen, in denen nach der überhaupt möglichen Menge der Dämpfe und dem Gesamtluftraum die untere Explosionsgrenze noch nicht erreicht sein konnte. Zu beachten ist ferner, daß die Explosionsgrenzen unter Druck und starker Erwärmung wesentlich weiter sind, oder auch bei großer Reaktionsfähigkeit der Lösemittel mit Sauerstoff, z. B. des Äthers, die zu gefährlichen Peroxyden führen kann, insbesondere unter Einwirkung von Licht. Es erscheint daher zweifelhaft, ob es richtig ist, dem in Amerika nicht seltenen Brauch zu folgen, Äther in der kalten Jahreszeit dem Kraftwagentreibstoff zuzusetzen, oder Peroxyde, z. B. Dimethyl- und Diäthylperoxyd als Klopfmittel oder als Geruchsverbesserer für Dieselkraftstoffe zu empfehlen.

Für die Lagerung und Aufbewahrung brennbarer Lösemittel in Behältern und Gefäßen ist die Polizeiverordnung über den Verkehr mit brennbaren Flüssigkeiten maßgebend, die in allen deutschen Ländern gleichlautend erlassen worden ist. Sie unterscheidet folgende Gruppen: A I. Flüssigkeiten, die einen Flammpunkt unter 21° haben, z. B. Leichtbenzin, Benzol, Äther, Schwefelkohlenstoff; E 13, 14, Drawin, Hiag-Lösemittel und entsprechende Lacke; II. Flüssigkeiten von 21—55° Flammpunkt, also Schwerbenzin, Petroleum, Xylol, Solventnaphtha, Chlorbenzol, Amylacetat, Terpentinöl u. a.; III. Flüssigkeiten mit Flammpunkten von 56—100°; B. Flüssigkeiten, die sich mit Wasser mischen, aber einen Flammpunkt unter 21° haben, z. B. Spiritus und andere Alkohole, Aceton, Aldehyde. Nach dieser Gruppeneinteilung sind die Anforderungen an die Baulichkeiten, Lagerhöhe und Sicherheitsgeländestreifen, Transportgefäße abgestuft und ebenso die zulässigen Lagermengen und die Anmeldepflicht, so sind z. B. bei der Lagerung von Lösemitteln der Gruppe A I Mengen von mehr als 200 l, Schwefelkohlenstoff von mehr als 10 l anmeldepflichtig bei der Ortspolizeibehörde. Am zweckmäßigsten ist selbstverständlich in allen Fällen eine unterirdische Lagerung unter nichtbrennbarem Schutzgas und gegebenenfalls auch eine Beförderung in geschlossener Leitung unter einem solchen Druckgas. In vielen Fällen wird allerdings die Menge der verwendeten Lösemittel so gering sein, daß sich eine solche Anlage wirtschaftlich nicht rechtfertigen läßt, doch muß alsdann für einen besonderen Lagerraum und vorsichtige Abfüllung durch Pumpe oder Heber Sorge getragen sein, aber nicht etwa, wie es bei Benzin wiederholt beobachtet wurde, durch Ansaugen mit dem Munde. Die Aufbewahrung auch kleiner Mengen von Lösemittel erfordert ebenfalls Vorsicht. Man soll ferner gefährliche Stoffe nicht in Glasgefäßen aufbewahren und umhertragen. Blechgefäße sind durch gute Verschlüsse, Davysche Sicherheitssiebe, zu sichern. Auf klare Aufschriften mit Warnung ist Wert zu legen. Auch kleine Gefäße dürfen nicht dem Sonnenlicht ausgesetzt werden. Das gilt nicht nur wegen der Gefahr unzulässiger Erwärmung, sondern auch wegen der Zersetzungsmöglichkeit, z. B. bei Äther, Trichloräthylen, in geringerem Maß auch von Tetrachlorkohlenstoff. Gefäße, die mit Alkali verschmutzt oder mit Alkali gereinigt und nicht genügend ausgespült sind, können bei Aufbewahrung von Trichloräthylen in ihnen zur Bildung des an der Luft selbstentzündlichen Dichlormethylens führen.

Für den Verkehr mit leicht brennbaren Lösemitteln sind ferner zu beachten: die Anlage C zur Eisenbahnverkehrsordnung, die Seefrachtordnung, die ministeriellen Grundsätze für Ausbesserungsarbeiten auf Schiffen mit Mineralöltanks, die verschiedenen polizeilichen Hafenordnungen. Keine Klarheit besteht über die Zulässigkeit des Überlandtransports besonders gefährlicher Lösemittel, z. B. Schwefelkohlenstoff, Äther, in Tankwagen. Anfeuchtungen von Nitrocellulose mit Lösemitteln genießen nach der Sprengstoffverkehrsordnung für Abgabe und Ankauf wie für Transport und Lagerung insofern eine wesentliche Erleichterung, als solche Nitrocellulose nicht mehr als Sprengstoff angesehen wird, wenn sie auf 65 Gewichtsteile Nitrocellulose entweder bei einem Stickstoffgehalt bis zu 12,6% mindestens 35 Gewichtsteile Wasser oder Alkohol, die bis zur Hälfte auch durch Campher ersetzt sein können, oder bei einem Stickstoffgehalt bis zu 12,3% mindestens 35 Gewichtsteile Kohlenwasserstoffe enthält, deren Flamm- und Siedepunkte nicht unter denen des 90er Benzols liegen dürfen und deren Dampfspannung nicht größer sein darf als bei diesem Benzol.

Daß alle Gebäude, in denen durch Lagerung oder Verwendung von Lösemitteln eine Explosions- oder Feuersgefahr vorliegt, an eine ordnungsmäßige, alljährlich vor der warmen Jahreszeit durch einen Sachverständigen zu prüfende Blitzschutzanlage angeschlossen sein müssen, bedarf keiner Erörterung. Dies gilt auch für kleine, oft vergessene Sonderanlagen, z. B. die Wiedergewinnungsanlagen, die Lagergebäude für alkoholfeuchte Nitrocellulose u. a.

In solchen Arbeits- und Lagerräumen bedarf auch die Heizung besonderer Beachtung. Warmwasserheizung ist meist die zweckmäßigste, weil die Heizkörper nur Temperaturen von ∾ 60—77° haben, auch eine solche, in denen das Wasser in normalen Heizkörpern durch eingebaute Elektrokörper auf dieser Temperatur gehalten wird, ferner Sammelluftheizung, während die Luftheizung durch Einzelkörper, Caloriferen, durch Einbau von Elektromotoren eine gewisse Explosionsgefahr mit sich bringt, sofern nicht Gewähr dafür gegeben ist, daß bei der angesaugten Raumluft die untere Explosionsgrenze nicht erreicht wird. Ofenheizungen, auch für Lacksiede- oder Lacktrockenöfen, bei denen Lösemitteldämpfe entstehen, sind nur zulässig, wenn die Feuerung von einem anderen, feuersicher abgetrennten Raum aus bedient wird, es sei denn, daß es sich um gut geschlossene Kachelöfen in gut gelüfteten Arbeitsräumen, etwa eines Kleinbetriebes der Gummimäntelkleberei mit 2—3 Arbeitskräften handelt, und so geringe Mengen Lösemittel verbraucht werden, daß ein explosibles Dampf-Luft-Gemisch nicht zu erwarten ist, und eine Bedienung des Ofens während der Arbeitszeit nicht vorgenommen wird. Für solche Anlagen geben die ministeriellen Richtlinien für die Gummimäntelkleberei, die ursprünglich nur für die heute für solche Arbeiten verbotene Heimarbeit gedacht war, einen gewissen Anhalt, während für Lacktrockenöfen beispielsweise der Polizeipräsident von Berlin Grundsätze aufgestellt hat.

Hinsichtlich der elektrischen Anlagen, die durch Funkenbildung, sei es bei normaler Arbeit und Bedienung, sei es durch ungewollte Fehlgriffe oder Zufälle, eine Gefahr bedeuten können, besteht keine einheitliche Vorschrift. Es gibt Arbeits- und Lagerräume, bei denen kein Zweifel besteht, daß die Sicherheitsvorschriften des Verbandes deutscher Elektrotechniker für explosionsgefährliche Räume anzuwenden sind, z. B. die Sulfidierräume der Viscosefabriken, die Filmgießereien, die Gelatinierräume für rauchschwache Pulver, die Räume zur Gummierung von Geweben u. a.; dagegen wird man bei anderen Räumen unterschiedlich verfahren können, z. B. bei Lackspritzereien oder in Tiefdruckereien. In unmittelbarer Nähe der Entstehungsstelle von Dampf-Luft-Gemischen, also in Spritzkammern, in der Tiefdruckmaschine wird man selbstverständlich die strengen Vorschriften für Motore, Schalter, Leitungen, Leuchten in explosionsgefährlichen Räumen anwenden müssen, während bei ausreichender Absaugung in einer gewissen Entfernung von diesen Stellen, etwa 6—8 m, Erleichterungen Platz greifen können, doch wird dies von den örtlichen Verhältnissen abhängig gemacht werden müssen. Daß auch andere Funkenbildung an gefährdeten Stellen zu vermeiden sind, ist selbstverständlich, ganz abgesehen von einem strengen Rauchverbot. Einstellungs- und Einrichtungsarbeiten dürfen nur mit nichtfunkenden Werkzeugen und Geräten, z. B. solchen aus Messing oder Leichtmetall, Holzhämmern, oder wenn diese nicht die erforderliche Schwere und Festigkeit haben, aus Heräusmetall (Stahl-Berylliumlegierung), vorgenommen werden, Schweißarbeiten nur bei Betriebsruhe und nach gründlicher Absaugung und nach Reinigung der Schweißstellen und ihrer Umgebung von allen Lösemittelniederschlägen. Für Schweißarbeiten an Lösemittelfässern, insbesondere Benzin-, Schwefelkohlenstoff- u. a. ähnlichen Behältern, gelten die besonderen Unfallverhütungsvorschriften, für Tankreinigungsarbeiten und Ausbesserungsarbeiten auf Schiffen mit Mineralöltanks sind ebenfalls besondere Grundsätze zu beachten, die der Preuß. Minister für Handel und Gewerbe am 15. XII. 1926 (MBl. 1927 S. 4) aufgestellt hat.

Alle Lüftungs- und Absaugeleitungen dürfen nicht an Schornsteine, die mit Feuerungsanlagen oder mit Abzugskanälen aus anderen Arbeitsräumen in Verbindung stehen, angeschlossen werden. Lösemittel dürfen auch nicht in die allgemeine Kanalisation geleitet werden, wenn sie den Baustoff angreifen oder brennbare Gase entwickeln können, unter Umständen können besondere Abscheider vor die Abflüsse eingeschaltet werden.

Besondere Vorsicht ist geboten an allen Stellen, an denen im Fabrikationsgang eine elektrische Aufladung und ein Ausgleich der Aufladung durch Funken möglich ist, sei es daß das Lösemittel selbst der Träger der Aufladung ist, sei es daß andere aufgeladene Stoffe Funken an Lösemittel oder ihre Dämpfe abgeben können. Solche Aufladungen treten beispielsweise auf beim Strömen von Benzin, Äther, Schwefelkohlenstoff u. a., flüssig oder in Dampfform in Rohrleitungen oder aus Hähnen, bei dem mit erheblicher Geschwindigkeit vor sich gehenden Austreten der Acetylcellulosefäden aus den Spinndüsen beim Trockenspinnverfahren, durch Reiben von Kollodiumwolle beim Einfüllen in Gefäße und Bewegen in diesen, beim Kneten, Reiben und Pressen von Zellhorn, insbesondere Zellhornspänen und Filmabfällen in Lackfabriken oder Filmverwertungsanstalten, beim Waschen von Wolle und Seide in der chemischen Wäscherei und beim Herausheben der Gewebe aus den Waschtrommeln oder Schleudermaschinen, beim Laufen von Papier in den Tiefdruckmaschinen, beim Laufen der Filmmasse über die Gießtrommel oder von gummierten Geweben über Walzen; natürlich dürfen auch laufende Riemen in Räumen mit explosiblen Lösemitteldämpfen keine Entladungsfunken abgeben. Zur Verhütung der Gefahr sollen nicht nur Metallteile der Maschinen und Apparate und Röhren, Hähne, Trichter geerdet werden, sondern auch Papier und Gewebe müssen entelektrisiert werden, etwa durch einen darüber schleifenden, an das geerdete Maschinengestell angeschlossenen Kupferdraht, durch geerdete Metallflitter, die über das Papier oder die Gewebe schleifen, oder auch Kupferschienen, über die Papier oder Stoffe laufen. Diese Schienen können dann mit einer isoliert angeordneten, verstellbaren und sorgfältig in eine Marienglasröhre eingekapselte Funkenstrecke verbunden werden, so daß man jederzeit überwachen kann, ob die Erdung funktioniert. Bei sich drehenden Teilen, Trommeln, Rührwerken, Laufwalzen, ist dabei darauf zu achten, daß die Isolation durch Öl in den Lagern sicher überbrückt wird. Natürlich darf auch der bedienende Arbeiter nicht isoliert stehen, z. B. durch trockenes Schuhwerk auf nicht leitendem Fußboden mit angetrockneten Lackspritzern, sondern auf leitenden, feuchten Matten oder Blechplatten. Manchmal kann man sich damit helfen, daß man schlecht leitenden Lösemitteln Trikresylphosphat, Ricinusöl oder andere leitende Weichmacher zusetzt, wie für Benzin früher schon andere Leiter genannt sind. In gewissen Fällen genügt Luftbefeuchtung, um statische Aufladung zu verhindern, in anderen Luftkühlung.

Eine weitere Gefahr können die Lösemittelspritzer bilden; sie werden sich nicht ganz vermeiden lassen an Stellen, wo Umfüllungen und Mischungen vorgenommen werden, in der Nähe von Tauchbädern, Spritzkammern, Lacktrockenöfen und an anderen Orten. Wenn Farb- und Füllstoffe beteiligt sind und sich Verkrustungen bilden, wo ein häufiges Aufwaschen des Fußbodens oder anderer betroffenen Stellen nicht genügt, wird man solche Verkrustungen durch Abkratzen — ohne Funkenbildung —, gegebenenfalls unter den notwendigen Vorsichtsmaßregeln, mit dem Lösemittel ablösen und beseitigen müssen. Das gilt insbesondere von den in den Spritzkammern, den Absaugeleitungen oder gar am Exhaustor gebildeten Niederschlägen. In den Spritzkammern vereinfacht man sich die Reinigung oft, indem man die Kammerwände und Boden mit Pappen belegt, die, von Zeit zu Zeit entfernt, durch vorsichtiges Verbrennen an geeigneten Plätzen, jedenfalls nicht in Ofen- oder Kesselfeuerungen, beseitigt und erneuert. Die Ablagerungen in der Absaugeleitung muß man durch Einbau von leicht herausnehmbaren Prallblechen, Drahtgittern, Sieben u. ä. auf ein Mindestmaß beschränken. Falls die Absaugeleitung mit einem Wasserstrahl innen bespritzt werden kann und Abflußmöglichkeit vorhanden ist, erleichtert man sich die Reinigung, indem man die Innenwände mit grüner Schmierseife bestreicht, so daß die Niederschläge nicht festkrusten und mit dem Wasserstrahl entfernt werden können. Als besonders gefahrdrohender Nachteil hat es sich in Spritzereien gezeigt, wenn die Spritzstelle wechselnd zum Spritzen von Öllacken oder Bakelitlacken und von Nitrocelluloselacken benutzt wird und sich dann verschiedene Niederschläge, gemischt oder in Schichten, bilden und schon durch Oxydation der Ölbestandteile, insbesondere durch Sauerstoffabgabe des Nitrolackstaubs, selbstentzündlich werden; man soll daher jede Spritzstelle und Absaugung nur für eine Gruppe von Lacken benutzen. Ähnlich sind die Verhältnisse bei Filtrierung der mit Lösemitteldämpfen geschwängerten Luft zwecks Wiederverwendung; die Filtermassen dürfen nicht leicht entflammbar sein; falls sie Öle enthalten, soll deren Flammpunkt nicht unter 180° liegen.

Daß in allen Lösemittelbetrieben ausreichende Feuerlöschmittel vorhanden sein müssen, ist selbstverständlich. Wasser ist nicht immer angebracht, weil die leichten Lösemittel die überdeckende Wasserschicht immer wieder durchdringen; bei Zellhorn, Filmen geht die innere Zersetzung unter Bildung brennbarer und gesundheitsschädlicher Gase auch unter Wasser weiter, wenn nicht der Brand unmittelbar bei der Entstehung mit großen Wassermassen abgelöscht werden kann. Trotzdem sollen an allen gefährdeten Stellen, Tiefdruckereien, Gummieranstalten, Spritzräumen u. a., gefüllte Wassereimer bereitstehen. Die ständige Bereithaltung eines an die Wasserleitung angeschlossenen Spritzschlauches darf nicht deshalb unterbleiben, weil Unvorsichtigkeit und Aufgeregtheit leicht dazu führen, daß mit dem Wasserstrahl das brennende Lösemittel weiter verspritzt werden kann. Für viele kleine Lösemittelbrände wird auch Sand ein geeignetes Löschmittel sein, nur kommt man mit ihm an manche Brandstelle nicht heran.

In einzelnen Fällen hat sich die Bereithaltung von Kohlensäure oder Ammoniak in Druckflaschen bewährt, wenn den besonderen Gefahren dieser Stoffe Rechnung getragen wird. Wo größere Flächen mit Lösemitteln in Brand geraten können, z. B. Tauchbäder, gummierte Gewebe, Filmgießflächen, werden leicht bewegliche Schaumlöscher angebracht sein, gegebenenfalls auch eine Sprinkleranlage. Für kleinere Räume, z. B. chemische Wäschereien, werden oft Einrichtungen vorgeschrieben, die eine vollständige Unterdampfsetzung des Raumes ermöglichen durch

Einführung eines natürlich außerhalb des Raumes anzustellenden Dampfrohres von etwa 20 mm Durchmesser in der Nähe des Fußbodens. Tetrachlorkohlenstoff ist als Löschmittel für Raum- und Maschinenbrände wegen der Gefahr der Phosgenbildung nicht geeignet. Für den Fall, daß die Kleidung eines Arbeiters in Brand gerät, sind flammensicher getränkte Wolldecken bereitzuhalten, in geeigneten Fällen vielleicht auch eine Wasserbrauseeinrichtung, sowie die notwendigen Brandbinden und Linderungsmittel. In größeren Betrieben, wo im Falle von Brand oder Explosion mit der Möglichkeit einer Panik zu rechnen ist, insbesondere wenn eine größere Zahl von Arbeiterinnen beschäftigt wird, muß ent-

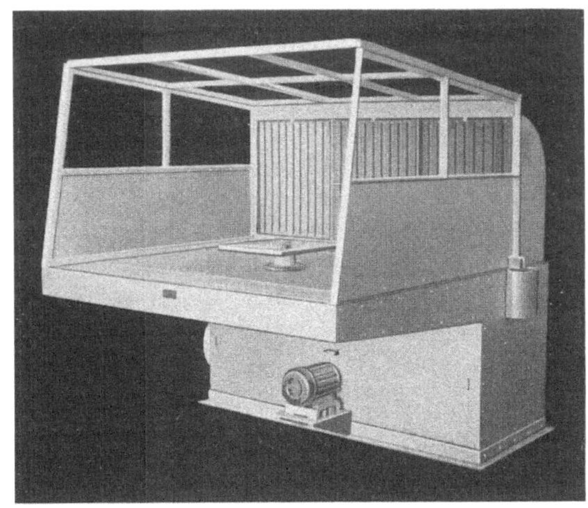

Abb. 12. Spritztisch aus Eisen und Glas, Bauart Bäumler (Fürstenberg i. Meckl.), mit auswechselbarem Farbstaubfilter.

sprechende Vorsorge dadurch getroffen werden, daß eine Lösch-und Rettungsmannschaft gebildet und geschult wird, und daß auch für die übrige Gefolgschaft Verhaltungsmaßregeln aufgestellt und eingeübt werden, natürlich auch für den Luftschutz.

Wie eine kräftige Absaugung der Lösemitteldämpfe das beste Brandverhütungsmittel ist, so ist sie auch das beste Mittel zur Verhütung von Gesundheitsschädigungen durch Einatmung von Lösemitteldämpfen. Man darf sich bei der Anordnung oder Größenabmessung einer Absaugung nicht allzu stark an bestimmte Normen klammern, etwa eine Festlegung eines Maximalgehalts der Raumluft an Lösemitteldämpfen von vielleicht 0,02%, denn dieser kann zeitlich und örtlich, je nach den Betriebsverhältnissen und der Stellung der Absaugung zum Eintritt der Frischluft, sehr verschieden sein und damit auch mit dem Arbeitsplatz des gefährdeten Arbeiters wechseln; schließlich arbeitet ja auch die Absaugung je nach Luftverhältnissen, Schmierung, Verstopfung verschieden. Man sollte deshalb grundsätzlich in allen Räumen oder an allen maschinellen Anlagen, wo ständig, wenn auch vielleicht täglich nur einige Stunden oder auch mit längeren Unterbrechungen regelmäßig wiederkehrend, mit Lösemitteln gearbeitet wird, Absaugung vorsehen und die Frage der mechanischen Zuführung von Frischluft, der zusätzlichen Benutzung von Atemschützern von den örtlichen und betrieblichen Verhältnissen abhängig machen. Die Anforderungen an eine gesundheitlich einwandfreie, wirksame und wirtschaftlich arbeitende Absaugung sind aber nicht gering. Zunächst verlangt der Arbeiter mit Recht, daß die Absaugung nicht selbst eine Gesundheitsgefährdung darstellt, indem sie Zugerscheinungen oder starke Abkühlung hervorruft oder die Gesundheitsgefährdung durch Lösemitteldämpfe begünstigt, indem sie den abgesaugten Dampf durch seinen Atembereich führt, daß sie seine Arbeit nicht durch Staubaufwirbelung oder andere ungünstige Einwirkung minderwertig macht; der Unternehmer verlangt ebenso, daß die Absaugung den Arbeitsvorgang nicht ungünstig beeinflußt, z. B. das Fließen des Lacks, die Filmbildung an der Gießmaschine, den Tiefdruck, das Gummieren von Geweben, daß sie den Verdunstungs- und Trockenvorgang nicht schädigt, daß sie die Rückgewinnung der Lösemittel nicht wesentlich erschwert, daß sie nicht, durch die Notwendigkeit, die der Absaugung entsprechend nachströmende Luft in der kalten Jahreszeit immer wieder auf die erforderliche Raumtemperatur zu bringen, zu viel Heizungskosten verschlingt. Das Gemeinwohl verlangt neben der Gesundcrhaltung der Gefolgschaft die Vermeidung von Belästigungen und Gefährdungen der Nachbarschaft durch ins Freie geführte Lösemitteldämpfe einschließlich möglicher Schädigungen der Tierwelt, der Vegetation, der Baulichkeiten und Gewässer und selbstverständlich ein den Forderungen unserer Wirtschaftspolitik angepaßtes, sparsames und wirtschaftliches Arbeiten. Um den Arbeiter durch die Absaugung nicht zu belästigen, darf die Geschwindigkeit des Luftstroms, der an seinem Gesicht oder den Händen vorbeistreicht, 1,0—1,3 m/sec nicht überschreiten und soll bei letzterem Wert annähernd die gleiche Temperatur haben wie die Raumluft, sonst empfindet der oft nicht genügend abgehärtete Arbeiter die Luftbewegung als Zug. Die Arbeitsstelle darf also nicht in der Nähe einer Tür oder eines Fensters liegen, durch die in der kalten Jahreszeit Frischluft nachströmt, und die arbeitende Hand darf nicht unmittelbar vor der Saugöffnung ihren Arbeitsplatz haben. Die Luftgeschwindigkeit nimmt mit dem Quadrat der Entfernung von der unmittelbaren Saugstelle ab, so daß sich auch bei Spritzstellen, wo eine Luftgeschwindigkeit von 1,5 m an der Absaugeöffnung in der Regel nicht genügt, bei geschickter Spritzpistolenführung in etwa 1 m Entfernung ausreichende Werte erzielen lassen. Noch besser ist der in einzelnen Fällen durchaus mögliche Ersatz der Handspritzerei durch Maschinenspritzerei. Schwieriger ist es bei einigen anderen Arbeiten mit Lösemitteln, z. B. in der Schuhkleberei, beim Auskratzen der Sulfidiertrommeln in der Viscosefabrikation, das unter Luftabsaugung geschehen soll, beim Vulkanisieren von Gummiwaren. Wieweit man die Zugempfindlichkeit durch Handschuhe mildern kann, muß nach den örtlichen Verhältnissen beurteilt werden. In manchen Fällen, wo, nach der Menge der entwickelten Lösemitteldämpfe gerechnet, 1,5 m Absaugegeschwindigkeit genügen würden, muß man kräftiger absaugen, um mit dem Dampfluftgemisch die untere Explosionsgrenze nicht zu erreichen. Daraus ergeben sich gelegentlich Konflikte, die zugunsten der Explosions- und Feuersicherheit und der Verhütung von Schädigungen durch Einatmen von Lösemitteldämpfen und zuungunsten der Belästigung durch Zugerscheinungen entschieden werden müssen. In solchen Fällen muß dann versucht werden, die Temperatur der nachströmenden Luft der Raumlufttemperatur anzugleichen, bevor sie in den Atem- und Zugbereich des Arbeiters tritt. In manchen Tiefdruckereien, Viscosefabriken,

Abb. 13. Spritzhalle für Eisenbahnwagen mit Zu- und Abführung der Luft. Bauart Sprimag, Leipzig.

Flugzeugspritzereien u. a. findet man 10—20-, auch 100fachen Luftwechsel in der Stunde durch notwendige kräftige Absaugung, d. h. gegenüber einem normalen Arbeitsraum ohne Absaugung mit vielleicht dreifachem Luftwechsel, bedeutet das 3—6fachen, ja 30—50fachen Aufwand für Lufterwärmungskosten in der kalten Jahreszeit, wahrscheinlich noch mehr, da solche Arbeitshallen oft große Fenster und Türen und leichte Dächer haben, und der Wärmedurchgangskoeffizient, der normalerweise für ruhende Luft im Innenraum festgestellt ist, infolge des Unterdrucks durch die Absaugung größer werden wird, und zwar ohne daß bei mehr als 20fachem Luftwechsel ein entsprechender hygienischer Gewinn gewährleistet ist. Auf die sachgemäße und leicht regelbare Erwärmung der nachströmenden Luft ist eine den besonderen Verhältnissen angepaßte Heizungsanlage großer Wert zu legen. Andererseits gibt es Arbeitsräume der Lösemittelverarbeitung, die eine ungewöhnliche Wärme haben, z. B.

der Spinnraum der Acetatseide, Heißvulkanisierräume, Gummierräume, Trockenräume u. a., und Kühleinrichtungen angebracht erscheinen lassen.

Schwierigkeiten ergeben sich oft bei der Absaugung von großflächigem Spritzgut, z. B. Kraftwagen, Eisenbahnwagen, Flugzeugen, wo einmal eine große Verdampfungsfläche vorliegt und andererseits die unmittelbare Arbeitsstelle schnell wechselt (Abb. 13).

Abgesehen von großen Kammern, die das ganze Spritzgut umschließen und eine allgemeine starke Absaugung haben, hat man versucht, durch besondere, mit der Spritzarbeit verschiebbare Absaugeschlünde gewissermaßen kleine, abgegrenzte Arbeitsplätze zu schaffen, für die die Absaugung und damit die Luftbewegung und Lufterwärmung in engeren Grenzen gehalten werden können, oder auch einzelne je nach der Arbeit verstellbare Absaugetrichter anzuordnen. Bei solchen Arbeiten geht dann, wenn nicht der Arbeitsstand des Arbeiters und die Absaugung alle Augenblicke verschoben werden, nicht immer auf dem nächsten Wege von der Spritzpistole über die Spritzfläche zur Absaugestelle, sondern auch ab und zu durch den Atembereich des Arbeiters. In solchen Fällen läßt sich das Tragen der Schutzmaske nicht vermeiden. Platzabsaugung und Raumabsaugung stören sich in den meisten Fällen gegenseitig, dagegen ist die Zuführung von Frischluft durch Ventilatoren in dem Maße erwünscht, daß ein geringer Überdruck im Arbeitsraum entsteht; in der kalten Jahreszeit ist die Frischluft gleich an der Einführungsstelle in geeigneter Weise zu erwärmen. Zuweilen wird warme Frischluft zu Trockungs- oder auch zu Luftbefeuchtungszwecken ohnehin schon eingeführt. Leider ist man in den Tiefdruckereien in den letzten Jahren mehr und mehr von dem Aufblasen warmer Trockenluft auf das bedruckte Papier zu kühler Luft übergegangen. Wenn Art und Menge der abgesaugten Lösemitteldämpfe nicht allzu bedenklich sind, wird man erwägen können, ob ein Teil des abgesaugten Dampf-Luft-Gemisches nach flüchtiger Kondensation oder Reinigung, gegebenenfalls auch die nach der Absorptionsarbeit der aktiven Kohle noch warme Abluft dem Arbeitsraum wieder zugeführt werden können, um zu große Wärmeverluste zu vermeiden. Wenn schwere Lösemitteldämpfe sich am Fußboden sammeln, wie in Gummiersälen, in Lagerräumen, in Sulfidierräumen der Viscosefabriken, werden, unabhängig von Absaugung und Luftzuführung, Lüftungsöffnungen in der Nähe des Fußbodens anzuordnen sein.

Die Beseitigung oder, besser gesagt, Verdeckung von Lösemittelgerüchen in der Luft von Arbeitsräumen, das z. B. durch Einspritzen von Eisenchlorid in beschränktem Maße möglich ist, muß als zwecklos bezeichnet werden; noch weniger kann dafür, insbesondere in feuergefährlichen Betrieben, Ozon in Frage kommen, das auch chemisch ungünstig auf Öle und Lösungsmittel einwirken kann.

Die große Gefahr, die bei mechanischen Störungen der Anlage (Aufreißen von Leitungen, Durchfressen von Gefäßen, Brüchen von Rührwerken, Aussetzen von Antrieben), durch plötzliches Auftreten oder Abbrechen von Reaktionen, durch Überdruck, Überhitzung, Versagen von Kühleinrichtungen, Ausströmen von Lösemitteln oder ihren Dämpfen usw. auftreten kann, verlangt einmal deutliche Kennzeichnung der Leitungen, Absperrorgane, Gefäße und Apparate, konstruktiv reichlich bemessene und im Gefüge einwandfreie Baustoffe und einfach und sicher arbeitende Anzeige- und Regelvorrichtungen, wobei gegebenenfalls die Vorschriften der Dampffaßverordnung genau zu beachten sind, genaue Buchführung über die gelieferten und verwendeten Lösemittel, über die einzelnen Arbeitschargen u. ä., dann aber auch klare und genaue Anweisungen für die einzelnen Arbeitsvorgänge, für Reinigungs- und Instandsetzungsarbeiten, für das Verhalten bei Störungen, Bränden, Luftschutzalarmen, bei Unfällen und Erkrankungen und vor allem Selbstzucht aller Beteiligten.